「怪奇大作戦」の挑戦

白石雅彦

双葉社

まえがき

かってＴＢＳの日曜夜七時に、〝タケダアワー〟と呼ばれる番組枠があった。これは一九五八（昭和三三）年の『月光仮面』から、七四年の『隠密剣士 突っ走れ！』（注一）までの十六年間、二一作の番組をお茶の間に送りだしていた三〇分の番組枠であった。

三〇分なのにアワーとはこれいかに？ と首をかしげる読者の方がいらっしゃると思うが、これはあくまで通称で、局や広告代理店であった宣弘社での呼び名は〝日曜夜七時の武田枠〟であった。主に広告代理店目線でとらえた『タケダアワーの時代』（洋泉社刊）によれば、その呼び名は大阪のライバル局の営業や代理店担当者が言い始めたもののようだ。ライバル局の営業部が、どんな番組をぶつけても次々と討ち死にし、ついに「タケダアワー恐るべし」という言葉が生まれたのだとか。

特撮ファンは、数々の名番組を生み出したこの枠を、尊敬と憧れを込めて〝栄光のタケダアワー〟と呼称することも多いが、二一作の中で人気、知名度ともに群を抜いているのが、六六年の『ウルトラＱ』から始まるシリーズ、『ウルトラマン』『ウルトラセブン』であろう（注二）。この三本の特撮番組の成り立ちと終焉に関しては、『「ウルトラＱ」の誕生』『「ウルトラマン」の飛翔』『「ウルトラセブン」の帰還』というドキュメント三冊ですでに描いた。

タケダアワー枠における円谷プロ作品は、一作ごとにハードルを上げ制作されてきた。日

（注一）
『月光仮面』五八年二月二四日〜五九年七月五日。
『隠密剣士 突っ走れ！』七三年十二月三〇日〜七四年三月三一日。
なお、本書の注ではＴＢＳの番組は局名を、東宝製作の邦画は社名を省略する。

（注二）
『ウルトラＱ』六六年一月二日〜七月三日。
『ウルトラマン』六六年七月十七日〜六七年四月九日。
『ウルトラセブン』六七年十月一日〜六八年九月八日。

常生活の中に不意に現れる怪獣、怪現象に対し、市井の人間が立ち向かって行く『ウルトラQ』、怪事件、怪現象専門のチームを設定し、世界で類をみない〝変身する巨大ヒーロー〟を創造した『ウルトラマン』、よりSF性を加味し、組織の充実とメカ描写にも力を入れた『ウルトラセブン』。しかしそれらに続く『怪奇大作戦』には怪獣も宇宙人も巨大ヒーローも登場せず、次々と巻き起こる怪事件の謎に挑む、科学捜査研究所（SRI）のメンバーが主役となっている。ある意味、『ウルトラQ』の「悪魔ッ子」（注三）に、ハヤタのいない科特隊を絡ませたような設定となった。特撮もそれまでのミニチュアワークを前面に出したスペクタキュラーなものではなく、光学撮影を活かした、いわば本編をサポートする方向性に変化した。しかしこれらは作品の見た目上の変化であり、最大の違いは、番組のTBS側プロデューサー、橋本洋二が打ち出した〝テーマ主義〟だったといえる。

　壁をすり抜ける怪盗キングアラジンの心に潜む闇、人間を一瞬のうちに凍結させるスペクトルG線を使い、胎内被爆した妹の命を救おうとする兄の歪んだ心理、アメリカの大手自動車会社による土地買い占めを阻止しようとする老人達の空しいあがき等々、『怪奇大作戦』は、怪事件の裏側にいる加害者達の心の闇をテーマに据えることで、孤高といえる輝きを得、作品的には円谷プロの最高傑作と言われるまでに登り詰めた。

　本書『「怪奇大作戦」の挑戦』は、円谷プロとしてはタケダアワー最後の作品となった『怪奇大作戦』が、いかに誕生し、終焉を迎えたかを描くドキュメントであると同時に、いわゆる第一期円谷プロの終焉と復活までの軌跡を追っている。本書も含めた四冊は、それぞれ独

（注三）第二五話、脚本・北沢杏子、監督・梶田興治、特技監督・川上景司。

立した読み物であり、まずは『「怪奇大作戦」の挑戦』から手に取って貰って構わない。しかし他の三冊を順に読んでいただければ、タケダアワーにおける円谷プロの苦闘、奮闘がより詳しくわかっていただけると思う。

本書の構成は五部からなる。プロローグは、『ウルトラセブン』と並行して制作された特撮メカアクション『マイティジャック』（注四）について描いている。内容的に一部『ウルトラセブン」の帰還』とダブる部分もあるが、『マイティジャック』は『怪奇大作戦』の企画に少なからず影響を与えており、前作より深く掘り下げている。

第一部は、それまでの怪獣路線から一転、内容を人間ドラマに大幅にシフトした新番組の、企画成立までの険しい道のりを描いている。『ウルトラセブン』中盤から番組に参加したTBSのプロデューサー橋本洋二が新番組に掲げたいテーマと、円谷プロ企画文芸室長金城哲夫の発想する方向性のズレ、この埋まらぬ溝を、橋本洋二の証言と、現存する企画書を引用しつつ解き明かしていく。

第二部は、『怪奇大作戦』の一クール目を検証している。ようやくスタートに漕ぎつけた新番組だったが、クランクイン第一作、第二作と続けてトラブルに見舞われる異常事態となる。そしてこれまで円谷プロ作品を牽引してきた金城哲夫の思わぬ失速、同じ沖縄生まれの脚本家上原正三の作家としての目覚めを描くことが第二部のテーマだ。

第三部は、二クール目のエピソードの紹介である。上原の筆は絶好調で、第十二話「霧の童話」同様、沖縄問題を扱った「24年目の復讐」、動機なき殺人という当時としては先鋭的

（注四）六八年四月六日〜六月二九日、フジ。

なテーマを持った「かまいたち」を執筆する。一方、上原の盟友と言われた市川森一も、交通戦争を題材にした「果てしなき暴走」を発表する。しかし二クール目のトピックは、実相寺昭雄監督による京都編、第二三話「呪いの壺」、第二五話「京都買います」である。円谷プロが初めて外注で制作した、シリーズを代表する名作二本が成立するまでの道のりを詳しく検証する。

　そしてエピローグ。新作の発注が途切れてしまった極寒時代の円谷プロ、社長であり同プロの顔である円谷英二の死、円谷プロと二人三脚で作品を作り続けてきたTBS映画部の変質、そしてその後の円谷プロの復活までを追う。

『怪奇大作戦』は、『ウルトラQ』『ウルトラマン』『ウルトラセブン』に比べ、現存する資料が豊富であるとは言えない。またメインを務めたスタッフも、かなりの方が鬼籍に入っている。幸い筆者は、二〇〇一年に『怪奇大作戦大全』（荻野友大、なかの★陽と共著）を上梓している。この本には、そうした方々の貴重なインタビューが残されている。したがって本書では、守田康司（円谷プロプロデューサー）、実相寺昭雄（監督）、佐々木守、市川森一、石堂淑朗《としろう》（以上、脚本）、池谷《いけや》仙克《のりよし》（美術）という偉大な先人達が我々に残してくれた言葉を引用している。

　新規のインタビューとしては、橋本洋二には、『怪奇大作戦大全』とは違うアプローチで、満田穧《かずほ》には、『マイティジャック』『戦え！マイティジャック』（注五）について、当時、演出助手だった田口成光には、「人喰い蛾」のリテーク問題、円谷プロ退社直前の金城哲夫につ

（注五）六八年七月六日〜十二月二八日、フジ。

いて話を伺った。飯島敏宏、上原正三には、本人の許可を得て、過去に筆者が行ったインタビューからの談話を再編集し掲載した。資料としては企画書、脚本、円谷英二の日記、金城哲夫の創作ノート、上原正三のメモ、番組の代理店である宣弘社で武田製薬の担当だった渡辺邦彦のメモ等々、出来るだけ原資料（コピー、完全採録を含む）を使用し、それらに記された事実を俯瞰することによって、番組制作の裏側を探った。

資料に関し、文中の表記等は、本書のレイアウトに合わせて一部変更してある。金城の創作ノート、上原と渡辺のメモに関しては、オリジナルが手書きの横書きであり、採録は不正確にならざるを得なかったことをあらかじめご了承願いたい。また円谷英二の日記に関しては、旧字体、旧仮名遣いで書かれた部分が多いが、読みやすいように現代のものに書き改めた。句読点のない部分は原文ママだが、これも読みやすいよう、スペースを適宜使用している。脚本に関しては、当時は仮名の小書きが使用されていない。つまり「だった」などは「だつた」と印刷されているが、読みやすいよう、小書きに改めてある。また、「人」と「ん」を区別するため、後者は片仮名の「ン」を使用しているが、これは原文ママとした。資料全般に関して、明らかな誤字は改めてあるが、そのままにしている部分は（原文ママ）と注記している。

引用文の一部には、現在からすれば不適切と思われる表現も一部見受けられるが、執筆された当時の時代背景を考慮し、そのまま掲載している。

最後に、本書で展開する説は、各種資料、関係者の証言などから筆者が推論したものであり、あくまで白石雅彦個人の考えである。すなわち円谷プロの公式見解でないことをあらかじめお断りしておく。

目次

『怪奇大作戦』放送リスト

放送日	話数	制作話数	タイトル	別タイトル（脚本ほか）	脚本	監督	特殊技術	視聴率
1968年9月15日	1	3	壁ぬけ男		上原正三	飯島敏宏	的場徹	24.8
9月22日	2	1	人喰い蛾	蛾	金城哲夫	円谷一	的場徹	23.3
9月29日	3	2	白い顔		金城哲夫、上原正三	飯島敏宏	的場徹	21.9
10月6日	4	4	恐怖の電話	死神と話した男たち	佐々木守	実相寺昭雄	大木淳	21.1
10月13日	5	5	死神の子守唄		佐々木守	実相寺昭雄	大木淳	21.3
10月20日	6	6	吸血地獄	吸血地獄篇	金城哲夫	円谷一	的場徹	20.6
10月27日	7	8	青い血の女	青い血を吐く女	若槻文三	鈴木俊継	高野宏一	20.6
11月3日	8	7	光る通り魔	燐光人間	上原正三、市川森一	円谷一	的場徹	20.8
11月10日	9	9	散歩する首		若槻文三	小林恒夫	大木淳	23.5
11月17日	10	11	死を呼ぶ電波	恐怖のチャンネルNo.5	福田純	長野卓	的場徹	22.7
11月24日	11	10	ジャガーの眼は赤い	誘拐魔	高橋辰雄	小林恒夫	大木淳	22.2
12月1日	12	13	霧の童話	呪いの村	上原正三	飯島敏宏	的場徹	20.2
12月8日	13	12	氷の死刑台		若槻文三	安藤達己	高野宏一	22.2

12月15日	14	14	オヤスミナサイ	ハッピィ・バースデイ	藤川桂介	飯島敏宏	的場徹	19.7
12月22日	15	15	24年目の復讐	水棲人間	上原正三	鈴木俊継	大木淳	20.6
12月29日	16	16	かまいたち		上原正三	長野卓	高野宏一	22.5
1969年1月5日	17	17	幻の死神		田辺虎男	仲木繁夫	的場徹	23.0
1月12日	18	18	死者がささやく		若槻文三	仲木繁夫	的場徹	21.7
1月19日	19	19	こうもり男		上原正三	安藤達己	大木淳	22.4
1月26日	20	20	殺人回路		市川森一、福田純	福田純	佐川和夫	22.8
2月2日	21	22	美女と花粉	花粉と美女	石堂淑朗	長野卓	的場徹	23.8
2月9日	22	21	果てしなき暴走		市川森一	鈴木俊継	佐川和夫	22.3
2月16日	23	24	呪いの壺		石堂淑朗	実相寺昭雄	大木淳	22.1
2月23日	24	23						
3月2日	25	25	京都買います	消えた仏像	佐々木守	実相寺昭雄	大木淳	16.2
3月9日	26	26	ゆきおんな		藤川桂介	飯島敏宏	佐川和夫	25.1

※24話は欠番で2019年3月現在非公開。 ※視聴率はビデオリサーチ調べ関東地区のもの。

プロローグ

鉛の巨大戦艦

『マイティジャック』誕生秘話

一九六七（昭和四二）年十月。TBSのカウントで言えば〝ウルトラシリーズ第三弾〟となった東映東京撮影所制作の『キャプテンウルトラ』（注一）が終了、『ウルトラマン』から半年のインターバルを置いて、本家円谷プロによる『ウルトラセブン』が満を持して放送された。

この前年、六六年に放送開始した『ウルトラQ』は怪獣ブームを巻き起こし、続く『ウルトラマン』はそれをさらに加速させた。そして迎えた六七年はブーム絶頂期を迎え、怪獣関連の作品が目白押しとなったのである。作品名を並べてみると、『仮面の忍者 赤影』『キャプテンウルトラ』『忍者ハットリくん＋忍者怪獣ジッポウ』『光速エスパー』『怪獣王子』『ジャイアントロボ』といった特撮番組が、ブラウン管を賑わしていたのだった（注二）。

ブームはアニメの世界にも飛び火し、『ちびっこ怪獣ヤダモン』『おらぁグズラだど』が登場（注三）、映画界に目を向けてみると、邦画大手五社がすべて〝怪獣もの〟を製作している。以下、映画会社とタイトルを列記すると、大映『大怪獣空中戦 ガメラ対ギャオス』、松竹『宇宙大怪獣ギララ』、日活『大巨獣ガッパ』、本家東宝は『キングコングの逆襲』『怪獣島の決戦 ゴジラの息子』の二本、東映は得意のアニメ作品で、『サイボーグ009 怪獣戦争』を送りだした（注四）。

この絶頂期の最中、円谷プロは怪獣に代わる金鉱脈を探るべく、ある番組の企画を進めて

（注一）
六七年四月十六日～九月二四日。

（注二）
『仮面の忍者 赤影』六七年四月五日～六八年三月二七日、フジ。『忍者ハットリくん＋忍者怪獣ジッポウ』六七年八月三日～六八年一月二五日、NET（現・テレビ朝日）。『光速エスパー』六七年八月一日～六八年一月二三日、NTV。『怪獣王子』六七年十月二日～六八年三月二五日、フジ。『ジャイアントロボ』六七年十月十一日～六八年四月一日、NET。

（注三）
『ちびっこ怪獣ヤダモン』六七年十月二日～六八年三月二五日、フジ。『おらぁグズラだど』六七年十月七日～六八年九月二五日、フジ。

（注四）
『大怪獣空中戦 ガメラ対ギャオス』脚本・高

いた。当時、円谷プロ企画文芸室に所属していた脚本家上原正三は、自身の六七年の手帳に以下のようなメモを書き残している（以下、上原メモと呼ぶ）。


10月4日（水）怪奇シリーズの参考書買う。

10月5日（木）ホラー劇場、企画書、書く。

10月23日（月）平凡な1日、ホラーXのストーリーなどを清書。

10月30日（月）ストーリー（X）、「幽霊アパート」まとめて清書。


上原メモにある〝ホラーX〟とは、この時期円谷プロが在京いずれかのテレビ局に売り込みをかけていた新企画だ。幸い、同名の企画書が現存するので、以下に抜粋しよう。

☆　企画意図　補足（1）
少年少女雑誌の企画で、最近、間違いなく当たっているのはもろもろの「怪奇シリーズ」です。

〝墓場の鬼太郎〟


橋二三、監督／特技監督・湯浅憲明、六七年三月十五日公開。

『宇宙大怪獣ギララ』脚本・二本松嘉瑞、元持栄美、石田守良、監督・二本松嘉瑞、特撮監督・池田博、六七年三月二五日公開。

『大巨獣ガッパ』脚本・山崎巌、中西隆三、監督・野口晴康、特技監督・渡辺明、六七年四月二二日公開。

『キングコングの逆襲』脚本・馬淵薫、監督・本多猪四郎、特技監督・円谷英二、六七年七月二二日公開。

『怪獣島の決戦 ゴジラの息子』脚本・関沢新一、斯波一絵、監督・本多猪四郎、特技監修・円谷英二、特技監督・有川貞昌、六七年十二月十六日公開。

『サイボーグ009 怪獣戦争』脚本・飯島敬、芹川有吾、白川大作、演出・芹川有吾、六七年三月十九日公開。

〝ヘビ少女〟

〝悪魔くん〟

といった、水木しげる氏や楳図かずお氏の連載マンガです。

大人の世界でも怪奇シリーズを初め、易ブーム、幻想詩ブームがおこっています。

これは一つの社会現象と解してもいいでしょう。

つまり、世にも不思議な現象を大人も子供も求めていることは明々白々のことです。

この企画は、そうした社会現象に答えようとするものです。
☆　企画意図　補足（2）
この種の本格的な〝恐怖シリーズ〟は日本のテレビ界では手つかずのままだということです。（中略）
☆　円谷プロが取り上げる意味
かつて、私たちは「ウルトラQ」という番組を制作し、いわゆる「怪獣ブーム」の先鞭をになう光栄に浴しましたが、実はこのシリーズの成功は「怪獣」のみでなく、もう一つの大きなクアクター（引用者注・原文ママ。ファクターの誤植であろう）があったのです。

それはバランスのとれた自然界や社会を根底からゆるがそうとするアンバランスの世界、つまりミステリックで、不可思議な現象を扱うことを主にしていたということです。

「クモ男爵」や「悪魔っ子」など、怪奇ミステリーをあつかったウルトラQ作品が、子供たちにとって、どんなにショッキングな物語であったか、投書の文面からハッキリうかがえる資料を持っています。

「怪獣を出せば当たる」と考えるモロモロの類似品の失敗は、そうした背景を無視したところに原因があると我々は考えています。(後略)

企画書にある〝ヘビ少女〟は、楳図かずおの恐怖漫画「へび少女」のことで、六六年、『週刊少女フレンド』(集英社刊)に連載された。〝悪魔くん〟は水木しげるの漫画で、六六年から翌年にかけて『週刊少年マガジン』(講談社刊)に連載されたバージョンは、特撮テレビ映画として東映が放った『悪魔くん』(注五)の原作となった。本作の放送開始は六六年十月六日で、すでに怪獣ブームの渦中であったため、巨大な妖怪や怪獣まで登場するというサービスたっぷりの内容で、番組はヒットした。それに後押しされる形で、水木しげるはまたたく間に人気作家の仲間入りを果たし、六七年、『墓場の鬼太郎』が『少年マガジン』の正式連載作品となった。

この時期(六七年十月)、〝妖怪ブーム〟と呼ばれることになるムーブメントの萌芽は認められるものの、時期尚早だったのか、〝ホラーX〟が実現することはなかった。

円谷プロとしては、『ウルトラマン』放送時に『快獣ブースカ』(注六)があったように、会社の安定経営には、複数の番組を同時制作する必要性を感じていたのである。現に『快獣ブースカ』の後番組として『宇宙漂流記』という企画書を作成したものの、番組は実現に至らなかった。

(注五)六六年十月六日〜六七年三月三〇日、NET。

(注六)六六年十一月九日〜六七年九月二七日、NTV。

ところが十一月に入り、降って湧いたかのようにフジテレビから、新番組制作の打診があった。それが後に民放初の〝一千万ドラマ〟として、鳴り物入りで制作された『マイティジャック』である。以下、その成り立ちを円谷プロの社長であった特技監督円谷英二の日記から随時抜粋していく。

11月7日火曜（曇）今朝十時フジTVの映画部長の　氏（原文ママ）が相談に来るということで待つ。急な話だが、フジTVで四月放映の映画を作って欲しいという話、無理とは思うがよく考えて見ることにし明朝返事を約束する。

11月8日水曜（曇）フジTVの人達が来るので十時プロに出社し番組の打合せをする。急な話なので概略の企画内容を話し、四月放映を第一条件として話を進めることにする。（中略）プロに戻り今月の入金状態について協議する。

11月9日木曜（晴）午後はプロに行き、津田君（引用者注・営業部所属の津田彰）と共にフジTVにゆく。局長以下と新作品について協議、万事順調に話がはずむ。契約は、月内にすませ、十二月から仕事になるようにと内約が諒解し合う。これまでは、万事OKだが、さて契約上のことをどうするか、皐《のぼる》（引用者注・円谷皐、英二の次男）の意見もあるのでこれについては、色々と考慮する必要が生じた。

この三日間の英二の日記には、重要な事柄がいくつか記されている。まずはフジテレビからの打診と放送開始の時期が、特撮番組をゼロから企画し、制作するにはタイミングが遅すぎること。第二に、十一月八日の日記には〝プロに戻り今月の入金状態について協議する〟とあり、円谷プロの台所が厳しさを増していることが想像できること。第三に、十一月九日の日記を読む限りでは、八日に記されていた〝概略の企画内容〟を、フジテレビ側がほぼ了承したと思えること。

筆者はこの性急かつ、順調すぎる番組制作の流れから考え、フジテレビが四月から放送を予定していた何らかの企画が流れ、慌てて円谷プロ側に番組制作を打診してきたのではないか、と推測する。

そもそも『マイティジャック』が放送された土曜八時枠は、『東芝土曜劇場』という、フジテレビ開局当初からのドラマ枠だった。『東芝土曜劇場』は六四年に終了するも、ドラマ枠は残り、大正製薬、サントリー、花王石鹸などスポンサーを変えながら数々のドラマを制作していった。しかし日活が制作したテレビ映画『青春』は、当初二六回の予定だったのが十八回に短縮されて、ドラマ枠も終了してしまう（注七）。そして次の番組のつなぎとして放送されたのが、歌謡バラエティ『テレビグランドスペシャル』（注八）だった。放送開始は六七年十一月四日、フジテレビの映画部長が英二の元を訪ねるのは、三日後の七日である。『青春』は、七月一日の放送開始時には、十八回での打ち切りが決定していたという。つまり、

（注七）
『東芝土曜劇場』五九年三月七日～六四年四月十一日。
『青春』六七年七月一日～十月二八日。

（注八）
六七年十一月四日～六八年三月三〇日。

新番組の企画、検討は遅くとも六月に始まっていたと言えるのだ。

当時、英二の次男、皐は、フジテレビの社員で映画部所属だった。当然、特撮番組というものは、一般作品に比べ準備期間がかかるということを知っていたはずだ。もし、フジテレビ内で円谷プロの特撮を前面に出した一時間番組が当初から検討されていたとしたら、十一月の打診はタイミングとして遅すぎる。つまり次回作の企画が二転、三転していたということではなかろうか。もっとも円谷皐も、『マイティジャック』の円谷プロ側プロデューサーだった守田康司も、企画書を書いた金城哲夫もすでにこの世にない。したがってここに書き連ねたことは、全て筆者の想像の域を出ないのだが、特撮番組を制作するには、ギリギリの際どいタイミングであったことは確かだ。

〝概略の企画内容〟とは、六六年に企画されていた特撮映画『空飛ぶ戦艦』を元にしたものだろう。『空飛ぶ戦艦』は、関沢新一が執筆したとされるプロット、そして関沢と、和田嘉訓《よしのり》（注九）が共作した第一稿が現存する。空飛ぶ万能戦艦スーパーノアが、アマゾンに本拠地を構える秘密結社NOOの陰謀を阻止するという内容で、劇中スーパーノアとNOO戦闘艦との一騎討ちもある娯楽巨編だ。六六年の英二の日記には、シネラマ方式（注十）での上映を検討していたと思しき記述もある（注十一）。理由は明らかではないが、『空飛ぶ戦艦』の映画化は見送られるものの、英二は空飛ぶ戦艦というコンセプトが気に入っていたと見え、自社の企画として温存していたのだろう。また、六六年四月十日から六七年四月二日まで、NHK総合で放送された英国の特撮メカ番組『サンダーバード』の影響も見逃せない。『空飛

（注九）
自ら脚本を書いた『自転車泥棒』（六四年十月四日公開）で監督デビュー。監督作品としては他に、『ドリフターズですよ！ 前進前進また前進』（脚本・松木ひろし、六七年十月二八日公開）、『ザ・タイガース 世界はボクらを待っている』（脚本・田波靖男、六八年四月十日公開）、『コント55号 世紀の大弱点』（脚本・松木ひろし、六八年十一月二日公開）、そして世紀の怪作『銭ゲバ』（脚本・小滝光郎、高畠久、和田嘉訓、七〇年十月三一日公開）などがある。

（注十）
シネラマとは、二・八八対一のアスペクト比で上映される映画。本来は三台のカメラで撮影し、三台の映写機で上映されるシステムだったが、この頃は七〇ミリフィルムで撮影した方式に代わっている。

ぶ戦艦』の企画は、『サンダーバード』の放送中であり、この二つのコンセプトが合体して、『マイティジャック』が誕生するのである。

　フジテレビからの申し出を受け、金城は早速企画書作りに入る。現存する資料で、もっとも初期のものは『MJノート（第一次）』と題された企画会議のメモである。日付は六七年十一月十五日（オリジナルの表記は元号）とある。以下はその抜粋。

1、題名「マイティジャック」（仮）
2、メカニズム・ドラマと銘打つ
3、壮大なメカニズムを持つ戦艦?を活躍させる
（小松崎茂描く想像図あり）
デザイン担当＝円谷プロ　成田亨氏
4、戦艦?の活躍舞台
海、空、宇宙を飛ぶ
＊陸では戦車になる
＊地中を潜る
＊については（引用者注・直前の二行のこと）戦艦?内で組み立てる
5、組織としては…
○例えば

（注十一）六六年十月十三日（木）の英二の日記より採録。
午後四時半迄待って藤本さん、本多氏、雨宮所長、田中と五人で、想像画を検討して二枚を決め、その後シネラマ方式の話合いをしてから私は新橋のテアトル劇場で「バルジ大作戦」を見て帰る。その結果私が本山氏に出す、シネラマに関するアメリカ向けの質問書の作成を一旦延ばして貰うことにする。私の考えて居た方式とは現在異なっているため、それ程簡単なわけには行かないことが判明したからである。

「アラビアの石油で儲けた老人が170億の巨艦を作った」
「彼は11人のプロフェッショナル（市民）を集めた」
「これはオフィシャルなものではない」
「むろん11人は自分たちの任務については絶対に㊙にしている」
「11人が集まる過程は〝七人の侍〟調でやったら」
○例えば11人の職業は…
○床屋
○防衛庁の退役軍人
○学校講師
○茶道の先生
○自動車修理工
○ｅｔｃ（女性を2人入れる）
「全11人が巨艦にのりこむ必要はない」
「乗りおくれた人間が外部から巨艦の活躍に協力することもあろう」
6、時代設定
現　代
7、ドラマは…
○巨艦の中

○〃　＋救助される人間の側のドラマ
8、巨艦の目的
○救助
○建設
○防衛
9、シナリオライター
○関沢　新一　○佐々木　守
○大津　皓一
○柴　英三郎
ほか……
全10名ぐらいから最終的に5人に絞っては…。
10、作業予定
11／16（木）　設定会議
〈CX＋円谷プロ〉（引用者注・CXはフジテレビのこと）
①ドラマ設定
②人物設定
③ドラマ展開のしかた
④メカニズムはどんなものに？

ｅｔｃ協議（徹夜カクゴ）
17（金）企画書原型作成　ＣＸ伊藤（引用者注・フジテレビ側プロデューサー伊藤康祐）
18（土）同企画書を円谷プロへわたす
19（日）円谷プロで検討（デザイン、メカニズム）
20（月）検討ズミ企画書をＣＸ伊藤へ返す
製版へ
21（火）――
22（水）企画書完成
（後略）

『マイティジャック』という名称が、この会議で発案されたものか、それとも〝概略の企画内容〟からのものかは不明である。なお、同日の英二の日記にも企画会議についての記述がある。以下は、その抜粋である。

11月15日水曜（晴）三日前塩原で見た「ウルトラセブン」（注十二）が面白くないので心配していたことだが、今日発表を聞くと二十九％一とダウン。三十％台（引用者注・二十％の誤記だろう）に落ちたことがなんといっても残念でならない　すっかり頭に来てしまう。フジＴＶの打合せをする。

（注十二）第七話「宇宙囚人303」（脚本・金城哲夫、監督・鈴木俊継、特殊技術・的場徹）のこと。

英二が『ウルトラセブン』第一クールの段階で視聴率低下を気に病んでいたという事実は、前作『「ウルトラセブン」の帰還』で詳しく述べた。視聴率低下は次回作受注への障害となりかねない。しかも『ウルトラQ』『ウルトラマン』からの累積赤字で、会社の経営は悪化していた。円谷プロとしては新番組の発注を喉から手が出るほど欲している時期であった。その折に舞い込んだ新番組の依頼である。十一月七日の日記、〝フジTVで四月放送の映画を作って欲しいという話、無理とは思うがよく考えて見ることにし明朝返事を約束する〟そして翌日の〝急な話なので概略の企画内容を話し、四月放映を第一条件として話を進めることにする〟という記述には、そうしたプロの事情がうかがえるのである。

英二の日記からの抜粋を続けよう。

11月27日月曜（晴）午後は、フジテレビとの交渉、超兵器のアイデアについて色々智恵を出し合った後大体の合意に達し、続いて、シナリオ制作の打合せをして、スピーディに終わる。（中略）夜皐からの電話でフジテレビの制作費契約についてのフジ側の決定事項を知らせてくれる。内容はフジ側の制作費八五〇万、その他事業部として二五〇万を追加とのこと、計一千一百万。善哉々々

11月28日火曜（曇）午後四時、TBSに行き大森常ム（引用者注・大森直道）と面会　フジTV

の話をして了解して貰う。「ウルトラ、セブン（原文ママ）のほかに、一時間ものとして、「ニッポン飛行機野郎」を制作する話が合意される。

11月30日木曜（晴）午後はプロに出社してフジTVの仕事の打合せ　オックスベリーを入れる決意をする（注十三）。

12月4日月曜（晴）夜皐から電話あり。マーチャンの交渉は一寸難航模様　明日、委《くわ》しく末安君（引用者注・円谷プロ支配人の末安昌美）から事情を聴取した上で最後の決をきめたいと思う。

（注十三）結局、オックスベリーの光学合成機が購入されることはなかった。

この後、フジテレビとの間で様々な打ち合わせが続いていくが、英二にとって気がかりなことがいくつかあった。それは円谷プロの代表取締役、柴山胖《ばん》の存在だった。柴山は円谷プロに東宝資本が入った六四年三月三〇日、東宝から出向扱いで代表に就任した人物で、黒澤プロ発足にも関係している。いわば東宝が円谷プロに送り込んだお目付役であり、同社からの資本が入っている関係上、英二も気を配らなければならない。しかもこの頃、柴山は円谷プロを掌中に収めようとしていたフシもあり、英二はいらだちを隠し切れていない。柴山、というより、東宝の影響下から脱するにはプロの独立しかなかったが、なかなか思い通りには行かぬ様子が、この時期の日記からはうかがえる。

12月15日金曜（晴）本日フジTVより一〇、〇〇〇、〇〇〇万入金（原文ママ）、ボーナスを出すことにする。

12月18日月曜（晴）末安君と津田君がフジTVに契約に行く。フジをAとするかプロをAとするかで末安君は、柴山氏から指令を受けているためらしいが　そのことで電話がくる。どっちでもよさそうなことだが、なぜそんなことにこだわるのか、そんなことにこだわるために先方の感情を益々わるくしてしまうことの方がどれだけプロにとってマイナスかと腹が立つ。結局私が万事解決することで契約してくるようにと話しておく。

十二月十八日の日記は実に興味深い。柴山が円谷プロ代表に就任した年、フジテレビとの間で『WoO《ウー》』という特撮番組の企画が進んでいた。だが契約調印の当日、契約上のトラブルで『WoO』の制作は中止された。調印は柴山と西村五州フジテレビ映画部部長の間でかわされるはずだった。その悪夢が再燃しそうな書き込みである。

要するにどちらが甲で、どちらが乙であるかということだが、おそらく柴山は〝円谷プロが甲でなければならない〟と、末安に指令を出していたのであろう。テレビというものを格下と見る映画人のプライドがそうさせたのだろうか？　ひょっとすると、それが『WoO』における調印当日の物別れの原因なのではないか、とも思えてくるのだが、あくまで憶測の域を出ない。

会社の経営悪化、柴山問題、プロの独立問題、『マイティジャック』はこうした問題を背景にしつつ、企画が進行していった。

混乱した脚本

一九六七（昭和四二）年の暮れにかけて企画は急ピッチで進められ、企画書『MJ』が完成する。以下はその抜粋。

M・Jとは――

近代科学の粋をこらして建造された万能戦艦〝マイティ号〟に乗り組んで、科学時代の悪から、現代社会を「防衛」し、「救助」し、「建設」する11人の勇者たちの物語である。

＊　＊

☆制　作　円谷特技プロダクション

フジテレビジョン

☆題　名

マイティ・ジャック（原文ママ。以下同様）

（略称　M・J）

☆種　類

特撮メカニズム・ドラマ

☆形　式

60分（オールフィルム）

カラー

アンソロジー形式

☆放送時間

土曜日PM8：00〜9：00

☆対　象

世界の家庭一般

☆**企画意図**

この新シリーズは、宇宙開拓時代、科学万能時代の現代にふさわしい、さまざまな超兵器を主人公とするメカニズム・ドラマです。

巨大な戦艦〝マイティ号〟にのりくんだ11人のプロフェッショナルが、悪の大秘密組織〝Q〟との間にくりひろげる頭脳と頭脳、力と力の壮絶な科学戦を描くもので、いわゆる「見せ場」としてのテレビ娯楽の極限を描きつくそうとするのが、この「M・J」の狙いなのです。

これは、これまでの日本のテレビ界になかった新路線であり、新しいジャンルのドラマです。「刑事もの」「青春もの」「ホームドラマ」「メロ」ｅｔｃ——が氾濫するプログラムの中に、新風を吹き込む意味でも、この「メカニズム・ドラマ」はテレビ文化にエポックを作り得るものと確信します。

（中略）

☆シリーズのポイント

①怪獣ものとは全く違った特撮路線

子供向けの怪獣シリーズとは違う、大人の観賞に堪える特撮ものを——これがこの新企画の最大のポイントであり、制作側の意気ごみもまさにここにあります。

アメリカのＴＶ映画の潮流を見た日本の出版ジャーナリズムでは、「来年はＳＦものがはやる」という見出しをたてているようです。大人の視る特撮ＴＶシリーズは、当然ドラマチックなＳＦアクションの線を走ることになりましょう。

②メカニズムを強調する

この「Ｍ・Ｊ」の最大の魅力のポイントはなにか。それはメカニズムとメカニズムが激しく戦う「見せ場」の爽快な楽しさであります。

陸・海・空・宇宙・海底・地底を縦横無尽にあばれまわるさまざまな超兵器が、円谷プロの卓越した特撮技術によって大人の夢をかきたてるすばらしい見ものとなるでしょう。

③ リアリティ

ＳＦ冒険アクションの線を狙いながらも、いわゆる子供だましになることを極力避け、意外な設定の中にも「ひょっとしたら……」という現実感を視聴者に与えるようなサスペンスをかもし出して行きます。

特撮的にもより緻密な描写が要求されることは当然であります。

以上のような点を特に強調しながら、巨艦〝マイティ号〟に乗り組む隊員たちのドラマを織りこみ、特撮アクションとして万全の作品にしあげます。

☆ドラマの設定

① 「Ｍ・Ｊ」について

マイティ・ジャックとは、正義のために活躍する秘密組織の名称です。

この組織は、世界の秩序と平和を乱すものと戦うために、矢吹コンツェルンの総帥、矢吹幸之助が私財を投じて作ったものであり、いかなる国の軍隊、あるいは警察の所属機関でもない、フリーの組織です。

11人のメンバーは、日頃、平凡な市井人として生活していますが、敵、就中《なかんずく》〝Ｑ〟が侵略の魔手を伸ばした時には、地球上のいかなる地点へも、超兵器〝マイティ号〟が出動し、悪と戦います。

「Ｍ・Ｊ」の目的は、地球の「防衛」「建設」「救助」の三つです。

油田の爆発、原子力潜水艦の事故といったさまざまなアクシデントを設定し、その救助に当たる場合もありますが、「M・J」の最大の任務は、「007シリーズ」のスペクター、「ナポレオン・ソロ」のスラッシュ一味の如く（注一）、超科学兵器を駆使して、地球征圧を狙う狂信的悪の一味〝Q〟から日本を、並びに、世界を防衛することです。

（中略）

しかし、ドラマは、超兵器対超兵器の面白さを描くばかりでなく、むしろ、もっと積極的に、超科学でも処理しきれない問題を、人間の知恵がいかにそれを解決してゆくかを描き、そこに起こる隊員たちの確執や、衝突、協力、友情といった人間ドラマが展開されます。

②「マイティ号」について

矢吹幸之助が168億円を投じて建造した万能の戦艦であり、海・空・海底を自在に活動します。

「M・J」は、この巨艦を基地として〝Q〟を初め、あらゆる敵と戦うわけです。

（中略）

③敵〝Q〟について

〝Q〟はシリーズを通して「M・J」と敵対する存在です。その正体は不明ですが、次のような説があります。

ある時、現在の科学では考えられないような超兵器が東京上空に姿をあらわし、街を攻撃します。

（注一）
『007シリーズ』は、イギリスのイオンプロダクション製作のスパイアクション映画シリーズ。世界中にスパイブームを巻き起こした。
『0011ナポレオン・ソロ』は、アメリカのNBCで放送されたスパイものテレビ映画。日本では日本テレビで六五年六月十一日～七一年六月二八日放送。

第二次世界大戦が終了した時、失意のまま、行方を絶った科学者〝九竜信三〟の研究テーマが具現したようなその超兵器から、ある人々は、おそらくその博士が生きていて、人間に対するドス黒い執念の復讐を企てているのではなかろうか――という説です。しかし、これも永遠の謎であります。

中には〝Q〟の宇宙人説を主張するものもいますが、決して姿をみせることのないこの陰謀団の正体は、不気味な存在として、深い霧につつまれているのです。

墜落した戦闘機の胴体に〝Q〟のマークがあることから、人々はこの恐るべき超兵器の敵を〝Q〟と呼ぶようになったのです。

矢吹幸之助をして、「マイティ号」を造り、「M・J」を組織させるキッカケとなったのが、この〝Q〟の侵略への怒りだったのです。

（後略）

この企画書は、完成した『マイティジャック』の内容をほぼ伝えている。そして金城は、各ライターへの脚本発注に追われた。放送開始の四月までに完成した（未定稿も含む）脚本は左の通りである。

「東京大空戦」（山田正弘）、「バラが燃えた」（若槻文三）、「S線を追え」（若槻文三）、「K52を奪回せよ」（有高扶桑）、「鉄を食う虫」（大津皓一）、「北回帰線上のアリア」（佐々木守）、「月を見るな！」（山田正弘）、「隊長救出せよ！」（関沢新一）、「亡命者を奪え」（若槻文三）、

「星降る夜の陰謀」（有高扶桑）、「海に捧げる鎮魂歌」（小滝光郎）、「熱い氷」（柴英三郎）。

　このうち、「Ｋ52を奪回せよ」「月を見るな！」「熱い氷」は同タイトルでそれぞれ第二話、第七話、第六話となった。また、「バラが燃えた」は第三話「燃えるバラ」に、「S線を追え」は第九話「地獄への案内者《ガイド》」に、「隊長救出せよ！」は第一話「パリに消えた男」に、「海に捧げる鎮魂歌」は第八話「戦慄のオーロラ」として、それぞれ映像化された（注二）。しかし、「東京大空戦」「鉄を食う虫」「北回帰線上のアリア」「亡命者を奪え」「星降る夜の陰謀」は映像化が見送られた。

　脚本家のラインナップを見ると、有高扶桑、大津皓一、小滝光郎、柴英三郎といった、円谷プロ初参加組が目立つ。円谷プロ常連である若槻文三、佐々木守、山田正弘を含めいずれも大人番組のベテランライター達だが、『ウルトラQ』『ウルトラマン』『ウルトラセブン』のメインライターを務めた金城哲夫の名前がない。『マイティジャック』で円谷プロ側のプロデューサーを務めた守田康司は、拙著『怪奇大作戦大全』のインタビューで、次のような発言をしている。

守田　（前略）『マイティジャック』の時もそうなんですけど、あえて（引用者注・金城を）外したんですよ。何故かと言えばね、それでやってしまえば前と同じになってしまう。仕掛けが同じになってしまうということでね。つまり特撮の円谷というイメージを消したいというのが僕の考えだったんですよ。だから『マイティジャック』はドラマを主とした中に

（注二）
「Ｋ52を奪回せよ」監督・野長瀬三摩地、特殊技術・大木淳。

「月を見るな！」監督・野長瀬三摩地、特殊技術・佐川和夫。

「熱い氷」監督・柳瀬観、特殊技術・大木淳。

「燃えるバラ」監督・野長瀬三摩地、特殊技術・大木淳。

「地獄への案内者」監督・野長瀬三摩地、小林恒夫（ノンクレジット）、特殊技術・大木淳。

「パリに消えた男」監督・満田穧《かずほ》、特殊技術・大木淳。

「戦慄のオーロラ」監督・小林恒夫、特殊技術・大木淳。

特撮があるという形にしたんですよ。

守田はDVD『マイティジャック』VOL．1のライナーノーツでも、同様の発言をしている。確かにそれもあろうが、もう一つの鍵がマスコミ及びマーチャンダイジングのための冊子『マイティジャック』の〝シリーズのポイント〟に記されている。以下はその抜粋。

④ドラマの重要性

これはマイティ・ジャックシリーズの最も重要なポイントです。円谷プロは「ウルトラQ」「ウルトラマン」「ウルトラセブン」と特撮的には非常に秀れた作品を制作してまいりました。しかし、これらはあくまで7時台の子供視聴者層を狙った作品でした。その上30分という時間ではドラマの掘り下げということはどだい無理な注文でもあったのです。私達が8時台の一時間に特撮ものを組むからには、7時台の要素からあるものを抜き、8時台の大人の観賞にたえる要素をプラスしなければならない、それがドラマです。我々の狙っているドラマはしかし、「インベーダー」のそれのような深刻なドラマではありません。「タイム・トンネル」「ミクロの決死圏」「スパイ大作戦」あるいは「007シリーズ」のようなスカッとしたドラマです。この基本線のなかにメカニズム対人間、人間対人間の対決を描いてゆきます（注三）。

このため、作家群は「三匹の侍」の柴英三郎、「七人の刑事」の佐々木守、S・Fフィー

（注三）
『インベーダー』アメリカのABCで放送されたSFテレビ映画。日本ではNETで六七年十月四日〜七〇年七月二五日放送。ビジュアル面で、『ミラーマン』に影響を与えている。

『タイムトンネル』アメリカのABCで放送されたSFテレビ映画。日本ではNHKで六七年四月八日〜十月二二日放送。

『ミクロの決死圏』六六年、脚本・ハリー・クライナー、デヴィッド・ダンカン、監督・リチャード・フライシャー、日本公開は六六年九月二三日。

『スパイ大作戦』アメリカのCBSで放送されたテレビ映画。日本ではフジテレビで六七年四月八日〜七三年九月二七日放送。

チャーフィルムで実績のある関沢新一、本年度の芸術祭ドラマを手がけた大津皓一などドラマ作りに定評のある一流作家をそろえております（注四）。

この冊子の伝えるところは、七時台を担当していた子供向けの脚本家ではなく、テレビ界に名の通った大人番組のライターをメインに据えることが番組の要だということだ。いずれは番組に参加することになるであろうが、金城はあくまで子供番組のライターであり、先に挙げた作家陣より、言い方は悪いが、格下なのである。したがって金城は、従来のメインライターという立場ではなく、一歩引いた脚本プロデューサー（文芸担当）としての参加に留まらざるを得なかった。

この辺りの状況を、上原正三は自著『金城哲夫　ウルトラマン島唄』（筑摩書房刊）で以下のように伝えている。

> 今回は（引用者注・『マイティジャック』のこと）アダルト向けの作品ということで大人の時間帯を書いているシナリオライターが起用された。（中略）金城は第十話「爆破指令」（注五）の一本を書いたきりであとは脚本プロデューサーに徹した。
>
> ウルトラシリーズと違って怪獣が出ない。だがMJ号と呼ばれる万能戦艦が主役だ。一時間ドラマである。プロットから綿密な打合わせを行い、シナリオが上がってきてからも改稿を重ねる。相手は高名なシナリオライターばかりだから、どうしても気疲れする。

（注四）
『三匹の侍』六三年十月十日～六九年三月二七日、フジ。五社英雄監督による、リアルな殺陣が話題となった。「おえりゃあせんのう」という台詞が有名な長門勇は、本作でスターとなった。六四年五月十三日には、五社監督による映画版も公開された。『七人の刑事』六一年十月四日～六九年四月二八日。他に七三年と七五年に放送された特別編、七八年～七九年に放送された第三シーズン、九八年十月十二日に放送された『七人の刑事 最後の捜査線』がある。

（注五）
監督・満田穧、特殊技術・佐川和夫。

「むつかしい」

金城がめずらしく弱音を吐いた。

「長いから？」

「うん、ヤマの作り方が。ドラマ部分と特撮部分がどうもうまくいかないんだ。今夜もはなぶさだよ」（注六）

多忙な先輩作家に対しては注文にも限度がある。限度を超すと不機嫌になるらしい。あとは金城が手直しするハメになる。

これは特撮作品というものの特殊性を、如実にあらわした記述である。それまでの怪獣ものであるならば、まだ段取りが分かりやすい。極端な話、怪獣出現とその最期が決まれば、それをドラマの核とすることが出来るからだ。しかし『マイティジャック』はどうだったのか？　企画書は〝さまざまな超兵器を主人公とするメカニズム・ドラマ〟としながら、〝しかし、ドラマは、超兵器対超兵器の面白さを描くばかりでなく、むしろ、もっと積極的に、超科学でも処理しきれない問題を、人間の知恵がいかにそれを解決してゆくかを描き、そこに起こる隊員たちの確執や、衝突、協力、友情といった人間ドラマが展開されます〟とも謳っている。さて、この番組の主題は一体どっちなのか？　完成したエピソードを見る限り、大人番組のベテランライター達は、後者の方に傾斜している。結果、メカの比重は軽くなり、クライマックスの特撮部分がドラマ全体から浮いてしまったのである。四月までの脚本発注

（注六）はなぶさは、かつて祖師ヶ谷にあった円谷プロの定宿。脚本家が泊まって執筆したり（缶詰という）、撮影が深夜まで及んだ時はスタッフが泊まることもあった。

分で、未映像化作品が多いのは、そうした事情もあったのだろう。

鉛の巨大戦艦

民放初の一千万ドラマと鳴り物入りで宣伝された『マイティジャック』は、赤字体質に苦しむ円谷プロにとって救世主として映った。キャストもこれまでの作品とは違い、主役の当《あたり》八郎に二谷英明、ヒロインの桂めぐみに久保菜穂子という映画スターを配した豪華なものだった。他、『ウルトラセブン』で円谷プロ作品に初参加した南廣《ひろし》（天田副長）、『ウルトラマン』のイデ隊員役でお茶の間の人気者となった二瓶正也《にへいまさなり》（源田隊員）、個性的な悪役として知られていた天本英世（村上隊員）などが脇を固めた。

この当時のプロの状況を、上原正三は「みんな浮き足立っていた。これで赤字が解消され、会社は立ち直るとね」と語った。無論、社長である円谷英二も『マイティジャック』に多大な期待を持っていた。これまでにない特撮シーンを描出すべく、二五倍までフィルムのコマ数を上げられる特殊カメラ、モニター六〇〇を購入したり、初期話数の特撮コンテを書いたり、その入れ込み方には凄まじいものがあった。しかし現場の進行は思うに任せなかったようだ。以下、年が明けた一九六八（昭和四三）年の日記から採録する。

1月23日火曜日 天候晴　朝MJの打合せ、午後二時半頃かかる（原文ママ）。本編と、特美のチーフが決定していないので中腰になる。（中略）どうも思うようになっていない。どんどんスケジュールがおくれてゆく。

1月24日水曜日 天候晴　栄スタジオ（引用者注・『マイティジャック』の特撮が撮影されたスタジオ）を見てくる。プールは出来ていたが、側壁が低くて困った。深田（引用者注・美術の深田達郎）が成田君（引用者注・特撮美術の成田亨）と衝突し双方感情的になって電話してくる。困ったことだらけである。今夕末安君と野口君（引用者注・制作部の野口光一）に一言して置く。

1月25日木曜日 天候晴　昨夜来の成田君と深田君のもつれ合いを今朝両君に逢って解決して置く。

1月30日火曜日 天候晴　九時半栄スタジオに行く。しかしキャメラも来てないしハイドロの準備も不調、正午迄待ったが、間が持てず特撮に（引用者注・東宝撮影所のこと）有川（引用者注・有川貞昌）の仕事を見に行く。午後又栄プロ（原文ママ）へ、午後四時半、やっとシュートに漕ぎつけ　一カットだけ撮影して、五時半に帰る。大忙がしの一日だった

1月31日水曜日 天候晴　一日中忙しい日だった。第一に栄プロの仕事が高圧エンジンの故

障で撮影不能で転手古《てんてこ》舞い。十時半から東京現像で「プロゼクト・ブルー」（原文ママ）（注一）の完成試写を見る。帰りには東宝に寄って、香芸の中井君とリースの件について相談、更らにプロに戻ってからふたたび栄スタジオに行き撮影に立合い。四時にプロに戻って、「MJ」の原稿を読む。その間NHKとの番組打合せとTBSの三輪プロ（引用者注・『ウルトラセブン』プロデューサー三輪俊道）と協議。帰宅後　末安君来宅し、守田君がMJ製作に自信なしとの報告を受ける。目の先きが真暗になるような不安な話ばかり持ちこまれていやになった。

2月8日木曜日　天候晴　栄スタジオで本編班が俳優のテッパリ（引用者注・掛け持ちのことだが、この場合、俳優がダブルブッキングしてしまうこと）で今日は撮影中止との事　驚ろいて、事ム所で理由を聞くと昨夜九時頃突如として本田君（引用者注・本多猪四郎のことであろう）の方にでることになったのだとの事。こんなこともあるかと、最初に私が言って置いた筈である。二谷君（引用者注・二谷英明）の件もそうだが久保なほ子（原文ママ）もそうである。この二人はフジ側に責任がある。こんなことで製作が間に合うかどうかと心配である。美術の成田君も具合が悪い、渡辺明を起用することも考えなければなるまい。

『マイティジャック』の制作に関する問題はさらに続いている。ここに来て、円谷プロ側のプロデューサーだった守田康司が〝製作に自信なし〟と弱音を吐き始め、さらには番組のキービジュアルを担当してきた成田亨が、円谷プロ退社の意を固める。

（注一）
「プロジェクト・ブルー」『ウルトラセブン』第十九話、脚本・南川竜、監督・野長瀬三摩地、特殊技術・的場徹。

守田康司は、歌舞伎座テレビ室出身で、六三～六四年に朝丘雪路主演の『芸者小夏』（注二）を担当した。その当時、朝丘の人気ぶりは凄まじく、守田の証言によると、テレビのレギュラーが週四本ほどあったそうだ。それに加えて舞台出演もあり、彼女の出演シーンは、夜から朝の二時間だけという強行スケジュールだったという。それでも守田は番組を一年間、一本の穴も空けずに担当したという敏腕プロデューサーだった。飯島敏宏は、自身が『怪奇大作戦』を担当することになったとき、かねて夫人の矢代京子（注三）から守田の手腕を聞いていたため、「守田さんには不可能という字がないから、この人が制作をやるんなら大丈夫だ」と円谷プロのスタッフに話したという。その守田が弱音を吐いたのである。俳優問題、スケジュールの遅延、スタッフの問題、様々な問題が次々に持ち上がり、守田は完全にお手上げ状態だったのだろう。二谷問題というと、成田亨がデザインした衣装の着用を、彼が拒否したことが広く知られているが、その他にも制作側との行き違いがあったのかも知れない。

（注二）六三年六月十二日～六四年六月三日、『高島屋バラ劇場』枠。

（注三）新東宝出身。同社では珍しい清純派の女優だった。矢代は守田がプロデュースした「ある落日」（六一年六月六日～八月二九日、『高島屋バラ劇場』枠）に出演していた。

2月13日火曜日 天候晴　特撮によってプロに行く。皐と伊藤君（引用者注・伊藤康祐）に来る、フジ側の意見として監督のローテーションについての意見。野長瀬君の演出力を否定し、満田（引用者注・満田穧）に第一話の監督を変更して欲しいとの事なり　考慮することにする。

野長瀬《のながせ》三摩地《さまじ》は、パイロット版である「S線を追え！」以降、制作NO．二、三、四の「K52を奪回せよ」「燃えるバラ」「月を見るな！」と連続登板していた。野長瀬が円谷プロ作品に登板したのは、『ウルトラQ』の「ペギラが来た！」（注四）から。東宝の助監督出身で、この頃は東宝テレビ部の所属だった。『ウルトラマン』『ウルトラセブン』では、正統派の演出で、メイン監督の円谷一をしのぐ活躍を見せていたシリーズの功労者の一人、というよりも最重要人物の一人である。『マイティジャック』でシリーズ初期の四本を連続で任されたのは、その安定した演出力、職人的な手堅さ、手際のよさを期待されたからであろう。しかし、手堅い反面、飯島敏宏や満田穧のようなケレン味がない。そうしたタイプの監督は脚本の出来が全てと言っていい。残念ながら『マイティジャック』は、肝心要の脚本の出来が今ひとつだった。やはり企画を検討する時間があまりに短く、その歪みが脚本にあらわれてしまったのであろう。

英二の日記には『マイティジャック』の内容に関して、フジテレビ側からたびたび懸念の声が上がっていたことが記されている。例えば三月一日の日記には、〝フジの伊藤君が来たのでプロに帰る。少々MJが幼稚ではないかという話題があるという。私も同感である。ただ視聴率のことを考えると心配もあるが。内容を大人っぽくする必要があると思う〟同月九日には〝午後三時頃　CXの石井編成部長に金子君と伊藤君が来社し、内容問題やスポンサ（原文ママ）関係に見せた、ラッシュについての苦情も聞かされた。耳に痛いこと多し〟とある。

窮した円谷英二は、三月二日に谷口千吉の家を訪ねて、『マイティジャック』の監督を打診しているくらいだ。谷口は黒澤明が脚本を執筆し、編集も担当した山岳アクション『銀嶺の果て』で監督デビューした。〝芸術の黒澤、娯楽の谷口〟と言われた男性活劇の第一人者で、

（注四）第五話、脚本・山田正弘、特技監督・川上景司。

『紅の海』『紅の空』『大盗賊』といった作品で、英二とコンビを組んでいる。スパイアクションも、００７の亜流〝国際秘密警察〟シリーズを担当した経験がある（注五）。英二関係の人脈からいえば、谷口の人選は理想的とも思えるが、しかしその登板はかなわなかった。

監督問題に関し、フジテレビ側は混乱の責任を野長瀬に押しつけた形のように見える。結局、第一話（制作第五話）「パリに消えた男」はフジテレビ側の要望通り満田稃が担当したが、その後の制作第六話「熱い氷」、第七話「祖国よ永遠なれ!!」（注六）を担当したのが日活出身の柳瀬観だったのは、現場混乱の一要因だった二谷英明対策もあったのかも知れない。もっとも当時満田は、監督交代の件を全く知らなかったという。

満田　僕は現場の人間だから現場のことしかわからないんですが、二谷さん、南ちゃん（南廣）のことは意識していましたね。御宿《おんじゅく》のシーンで、二谷さんの出番がないときは、寒いから部屋に戻っていいですよ、って言ったんですが、彼は戻らないで南ちゃんの芝居を見ているんですよ、どういう芝居をするのか。

あと二谷さんは日活の出身でしょう。ですからアクションはお手のものなんですよ。階段を駆け上がるカットでも「日活で鍛えていますから、何回テストしても大丈夫です」と言ってね。逆に南ちゃんは「監督、一発で行ってね」って（笑）。

それで御宿からの帰り、予定ではその日、ロケから帰ってセット撮影があったんですが、スタッフを乗せたロケバスが、ひっくり返って田んぼの中に転がってしまったんです。国道でね、

（注五）
『銀嶺の果て』四七年八月五日公開。本作は三船敏郎と伊福部昭の映画デビュー作でもあった。

『紅の海』脚本・国広威雄、六一年八月十三日公開。

『紅の空』脚本・関沢新一、六二年三月二一日公開。

『大盗賊』構成・八住利雄、脚本・木村武、関沢新一、六三年十月二六日公開。

『国際秘密警察 鍵の鍵』脚本・安藤日出男、六五年十月二三日公開。

『国際秘密警察 絶体絶命』原作・都筑道夫、脚本・関沢新一、六七年二月十一日公開。

（注六）
放送第四話、脚本・若槻文三、特殊技術・佐川和夫。

バスが転がっているから野次馬が車を止めてじろじろ見ているわけですよ。みっともないんでね、バスからアイランプを持ち出して「ロケでーす！」なんて言うと、みんな、「なーんだ」と言って行っちゃうんです（笑）。

結局、にっちもさっちもいかないから路線バスと電車で帰ろうということになって、この辺だったら手を上げれば路線バスが止まってくれるんじゃないか、と思ってそうしたら本当に止まってくれた（笑）。そのバスに乗っていたスタッフがちょうど十一人だったんですよ、偶然（笑）。一人の怪我人も出なかったのは幸運でした（注七）。

満田が担当した第一話「パリに消えた男」は、円谷英二には好評で、三月二〇日の日記（事故の当日）には〝満田君の一話のドラマ部分の試写を見る。仲々面白くなったと思う〟とあり、三月三〇日の日記には〝第一回放映の「パリに消えた男」満田作の試写を見た　心配していたが満田の作品仲々好調、はじめて吾々の考えていた作品が出来たと一同喜ぶ〟とある。円谷プロが制作した作品に関して、ここまでナーバスになったのは『マイティジャック』が初めてだったろう。本作は、円谷プロにとって失敗の許される作品ではなかった。何が何でも成功に導かねば、会社の再建も独立もない。英二の日記からは、そんな悲痛な覚悟が見えてくる。

こうして放送された『マイティジャック』第一回の視聴率は十一・三％。一千万円という巨費を投じた大作テレビ映画としては満足のいく数字ではなかった。この数字を見て、英二

（注七）
六八年三月二〇日の英二の日記。
昼頃　千葉ロケに出かけていた満田組のマイクロバスが道路から二メートル程の下に転落したと連絡があって吃驚仰天したが　次の連絡で怪我人がないとのことでホット胸を撫で下ろす。

は何を思ったのか。この頃、週間視聴率は水曜日の発表だった。しかし四月十日水曜日の英二の日記に視聴率のことは書かれておらず、柴山胖来社の件と、テアトル東京で試写を観賞した『2001年宇宙の旅』（注八）の感想が書かれているのみだった。しかし翌日には〝憂うつな気持ちで来社する。すぐ末安以下のチーフを集めて反省会を開く。深刻だった。今後改善すべき点を指示して置く〟とある。〝末安以下のチーフ〟とあるので、これは各部署のチーフのことだろう。とすれば企画文芸室長の金城哲夫も当然含まれる。状況から考え、この日は『マイティジャック』の視聴率の件が話し合われたと推測する。

土曜日八時の時間帯は、日本テレビが『太陽野郎』、TBSが高田浩吉版の『伝七捕物帳』、NETが『素浪人月影兵庫』を放送中だった（注九）。『素浪人月影兵庫』は、最高視聴率三五．八％を獲得したほどの人気時代劇であった。そんな強敵を裏に回して、『マイティジャック』は第三話「燃えるバラ」まではかろうじて十％台をキープしていたが、プロ野球巨人戦の中継が始まると視聴率は一気に一ケタ台に下降してしまう。そして二度と十％台に復活することはなかった。

（注八）六八年、脚本・スタンリー・キューブリック、アーサー・C・クラーク、監督・スタンリー・キューブリック、日本公開は六八年四月十一日。

（注九）『太陽野郎』六七年十一月十八日～六八年四月二〇日。『伝七捕物帳』六八年三月九日～七月六日。『素浪人月影兵庫』六七年一月七日～六八年十二月二八日（第二期）。

5月13日月曜日　天候曇　約束で正午フジTVに行く。局長からの提案、視聴率の上らないMJを、六月以降、時間を七時台とし、三十分番組みにして子供映画にしたいと希望された。当方としては面ツ問題もあるが　それを受ける方が気楽な気もするので受諾することにする技術的な件はプロで処理するとして、結局はその方が得策と皆も賛成してくれる。色々と事

情もあったのだから止むを得ないと思う。

5月21日火曜日　天候晴　プロは十時半から新MJの企画打合せ。私は、東宝で「山本五十六」(注十)の編集をする。午後五時、プロに帰って、S線の再編集をする予定だったがラッシュがアフレコの為に使用しているので中止する。

五月十三日の日記は、完全なる敗北宣言である。大空に悠々飛翔するはずだった『マイティジャック』は、残念ながら海に沈んでいった。それは建造中から様々のトラブルに見舞われ、試験飛行中に墜落した硬式飛行船R38号のごとくだった。失敗の原因は多々あるだろう。それは本章に採録した英二の日記から充分うかがえると思う。しかし結局のところ、この時代、特撮番組というものは、所詮子供向けという認識が一般的だったのだろう。つまり本来の視聴者である子供達にとっては、大人のドラマ、スパイアクションなどは興味がなく、大人達にしてみれば、特撮など子供だまし、というどっちつかずの立ち位置だったのである。そしてこの鉛の巨大戦艦を巡るトラブルは、『ウルトラセブン』の後番組として企画された『怪奇大作戦』に、暗い影を投げかけたのであった。

(注十)『連合艦隊司令長官 山本五十六』のこと。脚本・須崎勝彌、丸山誠治、監督・丸山誠治、特技監督・円谷英二、六八年八月十四日公開。

第一部

深い溝

科学恐怖シリーズ トライアン・チーム

『怪奇大作戦』は、円谷プロが『ウルトラQ』から続いた怪獣路線を打ち切り、新たな特撮番組の創造に挑戦した意欲作であった。その成立には、同プロがそれまでTBSと制作してきた三番組同様、いや、ある意味、それ以上の困難を伴った。第一部では、番組の企画成立までの流れを追っていきたいと思う。

プロローグに記した通り、フジテレビから新番組制作の打診があったのは、一九六七（昭和四二）年十一月七日。奇しくも『ウルトラセブン』二クール目の第一弾となった「ウルトラ警備隊西へ」前後編（注一）の決定稿が印刷された日であった。同作の脚本は金城哲夫。『ウルトラセブン』のメインライターであった金城は、以後、『マイティジャック』に全力を傾けるべく、後進の上原正三や市川森一に活躍の場を譲る。と同時に、企画文芸室長であった金城は、『ウルトラセブン』に続く新企画にも目を向けなければならなかった。しかもそれは、これまでの怪獣路線ではなく、新しい発想と視点が必要だった。だが、やがて誕生する新番組が、金城にとって大きな壁になるとは予想もつかなかったに違いない。

『ウルトラセブン』に続く新企画についての最古の記録は、金城哲夫によって記された新企画会議の議事メモだ。これは六八年一月十二日、TBSで行われたものであった。以下、メモを採録する。

（注一）第十四、十五話、監督・満田穧、特殊技術・高野宏一。

TBSにて三輪俊道、樋口祐三、円谷一、金城哲夫の4名による、6月末を以って終了するウルトラセブンの後番組について打ち合わせが実施された。

チャレンジャー　サイエンサー

●科学サスペンス（人間恐怖シリーズ）
●時代設定　現代
●対象　3～12歳を中心とする家庭一般
●放送（日）PM7：00～7：30
●一話完結　30分　カラー
●東宝作品　ガス人間、電送人間、液体人間（注二）のSFサスペンスシリーズ
●科学の裏側からの挑戦〈悪対正〉対立

誕生

科学警察庁に三人の優れた科学捜査班があった。科学を悪に利用しようとする者と対決する組織で、3人は隠密的な行動班である。彼らはスマートな紳士で、チームワークがよく、頭脳も優れていた。武器を最後のギリギリまで使用せず人間の知恵と行動力で解決する事を目的とした。

彼らは、科学が発達するあまり、置き忘れた〝人間性〟回復への担い手である。

（注二）
『ガス人間第一号』脚本・木村武、監督・本多猪四郎、特技監督・円谷英二、六〇年十二月十一日公開。
『電送人間』脚本・関沢新一、監督・福田純、特技監督・円谷英二、六〇年四月十日公開。
『美女と液体人間』脚本・馬淵薫、監督・本多猪四郎、特技監督・円谷英二、五八年六月二四日公開。

ドラマは歪められた人間心理の生み出す非常な姿をうつしながら、いつの時代でもヒューマニティが根本である事を謳いたいのである。

◎松任谷　まつとうや（24才）　ヒーロー
◎小林　（36才）　智、科学者
◎川井　（50才）　驚くべき体力を持った老人、人生

●敵は常に科学を悪用する者！
―不特定多数―
復讐・私怨・権力欲・狂的・殺人狂・世界征服マニア・物欲・悪質な妨害・盗・魔がさす
●ウルトラQシリーズではない
●ウルトラマンやセブンのようなスーパーヒーローは登場しない。
●怪獣や宇宙人は登場しないが、科学の生き生きとした怪物はしばしば登場する
●派手な特撮シーンはないが、サスペンス一杯の、ジワーッと恐怖に手に汗握る場合あり
●素材36話分用意のこと
●専門家から話を聞く会を持つ　3月上旬円谷プロでセッティングする

・古代生物研究家
・物理学

●怪奇類・科学の参考書を捜す

簡単な議事メモであるが、この後『トライアン・チーム』『チャレンジャー』『恐怖人間』と変遷していく企画の根幹はすでに出来上がっている。面白いのは、この時点で『ウルトラセブン』は三クール三九話で終了予定であったこと、対象年齢が『ウルトラセブン』より引き下げられ、『ウルトラマン』レベルになったことが挙げられる。これは『ウルトラセブン』の視聴率が『ウルトラマン』ほどの伸びを見せていなかったことの反省とも取れるが、そもそも『ウルトラセブン』における対象年齢の引き上げは、スポンサーである武田薬品側の要請であった。つまりスポンサーの製品を購入するのは大人なので、年齢対象を購入者に近づけることは当然の要求であった。しかし、円谷プロの求めた対象年齢の引き下げは、実際には行われなかった。

それにしても六八年一月の時点で、次作は怪獣ものではない、ということがTBSと円谷プロの間で確認されていた事実は興味深い。確かに怪獣ブームのピークは六七年であり、六八年には終息する。しかし『ウルトラセブン』は、企画会議が行われた時点では、まだ三〇%台をキープしている。とすれば次企画も、当時の表現を使えばウルトラQシリーズとなってもいいはずだった。しかしそれをあえて捨てた真意はどこにあったのだろうか？　あるいは予算のかかりすぎる怪獣特撮ものをこのまま続けても会社の経営を圧迫するばかりだから、円谷プロらしい特撮を活かしつつ、タイトな規模で出来る企画をという発想だったのかも知れない。その意味では、前年作成された企画書『ホラーX』が、この〝チャレンジャー〟もしくは〝サイエンサー〟に活かされていると言ってもいいだろう。

ところで『怪奇大作戦』は、怪奇ブームの中で企画された作品という認識がファンの間であるかも知れない。しかし企画の最初期の発想は、議事メモのように〝科学サスペンス（人間恐怖シリーズ）〟であり〝東宝作品　ガス人間、電送人間、液体人間のSFサスペンスシリーズ〟である。つまり怪談や妖怪シリーズの類いではないことをはじめから宣言しているのだ。前年の『ホラーX』は、出版業界における怪奇もののブームに乗った企画書だったが、この後作成される『トライアン・チーム』ではビジュアル寄りの内容となる。つまり円谷プロらしさを前面に出した企画と言えるのだ。それには一つの理由がある。

『怪奇大作戦』のTBS側プロデューサーだった橋本洋二は、『円谷プロ　怪奇ドラマ大作戦』（洋泉社刊）所収のインタビューで〝TBS内で怪獣は制作費がものすごくかかるから、円谷に怪獣以外のものをやらせてみたらどうかってことになった〟と語っている。そこから導き出された円谷プロ側の解答が〝科学サスペンス（人間恐怖シリーズ）〟であり、〝東宝作品　ガス人間、電送人間、液体人間のSFサスペンスシリーズ〟なのである。

しかもこの怪奇を前面に出した企画は、アニメ『ゲゲゲの鬼太郎』のヒットが追い風となったことは間違いない。同番組は六八年一月三日から翌年三月三〇日まで、全六五話がフジテレビ系列で放送され、妖怪ブームを生み出す原動力になったと言われている。『ゲゲゲの鬼太郎』は、この企画会議が行われた時点では放送が開始されたばかりで、妖怪ブームをまだ巻き起こしてはいない。しかしこの辺りから『ホラーX』に記された漫画のブームから、放送媒体を通じたものに、怪奇ブームが進化しつつあったのだ。円谷プロとTBSは、怪獣ブームに次ぐ追い風に乗るべく、いち早く準備を進めていたのである。ブームに乗ったわけではなく、いわばブームの先取りであった。

上原メモによると、一月の企画会議の後、TBSとの新企画打ち合わせは二月二日、八日、九日、十二日に行われている。同月二七日、参加メンバーは不明だが、金城のメモに新企画打ち合わせの記録が残されている。そこには〝高年齢層を狙うには全ての視聴率が低くなる〟〝ぬいぐるみを武田側極力避けて欲しいとの要望あり〟〝怪奇・恐怖を押す線と科学心理を押す線〟〝現代科学で考えられる現象・事象を対象にとりあげる〟〝怪生物　怪植物　リアリティを重視する　科学性のアプローチ〟といった文言が残されている。そして〝最大の問題〟として〝面白いストーリー〟〝◎シナリオライター〟〝登場人物の性格〟〝小道具のメカニズムを大切に〟〝◎演出家〟とあり、別枠で〝3月　ウルトラセブン10本延長決定〟〝3月　トライアンチーム企画書作成〟と記されている。

年齢対象に関しては、やはり武田側は高年齢層を狙って欲しいと強く要望し、譲らないようである。〝ぬいぐるみを武田側極力避けて欲しいとの要望あり〟というのも幼児向けではないものを、ということではないだろうか。金城をはじめとするスタッフは、それによって視聴率で苦戦することを懸念していたのである。

〝3月　ウルトラセブン10本延長決定〟という書き込みにも注目しなければならない。『ウルトラセブン』は、一月十二日の時点では三クールでの終了が決定していたようだが、二月二日の上原メモには〝TBS、打合せ。新企画。4クールはどうなる〟とあり、『ウルトラセブン』延長の件が匂わされている。そのことと合わせて考えると、金城メモにおける〝3月　ウルトラセブン10本延長決定〟という書き込みは、三月に延長か否かが決定する、という意味にとらえるのが自然なように思える。そしてこのことは、後々意味を持ってくることになる。

〝3月　トライアンチーム企画書作成〟とあるが、これは『怪奇大作戦』最初の企画書である『科学恐怖シリーズ　トライアン・チーム』を指す。以下、内容を採録しよう。

トライアン・チームとは……

機械工学、化学、電子工学の専門家である三人組の刑事が戦慄と恐怖の怪事件に、敢然と立ち向かう勇気ある物語である――。

制作｛円谷特技プロダクション
　　　東京放送テレビジョン

☆題　名

トライアン・チーム
（企画決定までの仮題を〝チャレンジャー〟とする）
☆種　類
科学恐怖ドラマ
（中略）
☆対　象
世界の家庭一般
（中略）
☆**企画意図**
ウルトラQ、ウルトラマン、キャプテン・ウルトラ、ウルトラセブンと続いて来た、所謂ウルトラQシリーズも、怪獣と宇宙人を主役とする〝ぬいぐるみ・ブーム〟の役目を、ここに果たし終えたの観があります。

日曜日の午后七時からのゴールデンアワーの真の目抜き通りで、〝月光仮面〟〝隠密剣士〟(注三)等、常にブームを呼び、圧倒的視聴率を保持してきた誇り高き時間帯で、さて、次に打つべき手は何か？

我々企画スタッフは、プランニングの段階から徹底したブレーン・ストーンミングと視聴者傾向調査を行い、その結果、「次はこれだ！」と確信を持って計画したのが、この新シリーズ〝トライアン・チーム〟です。

(注三)『隠密剣士』六二年十月七日～六五年三月二八日。

昨年の夏、新宿駅構内で起こった輸送列車炎上事故の時（注四）、専門知識がないため、警察当局で捜査上とまどいがあったという報告があります。

それは最近になって犯罪が広域化・凶悪化の傾向がますます強くなり、これまでの犯罪捜査で主役を占めていた「聞込み捜査」から、科学捜査と新兵器による方法が主役となりつつある傾向を示す一例です。

事件、事故が複雑化し、知能的になってきた現在、捜査班のメンバーも、専門的知識を持った者で連合編成されなければなりません。その狙いから、実際に、本庁刑事部に誕生したのが、「コンバット・チーム」です。

コンバットは勿論ＴＶ映画の題名で（注五）、少数精鋭主義で、難事件にいどむことからとった名称です。

× × ×

我々は、怪獣ブームの次に来るものとして狙っていた「科学サスペンス」が、右のような時代に即応した捜査班が実際に誕生したことに目をつけ、勇を決して題名も「トライアン・チーム」として、科学を悪用するすべての犯罪を、深く鋭く、しかもスピーディに究明し、原因と犯人をあばく三人の冷静、沈着な刑事たちの物語を設定したのです。

× × ×

「ウルトラQ」シリーズの場合、事件の主役は、常に怪獣であり宇宙人でありました。

（注四）六七年八月八日未明、新宿駅構内で発生。在日米軍立川基地向けの航空機用ジェット燃料を満載した貨物列車に、石炭を満載した貨物列車が突っ込み、爆発炎上した事故。事故処理には、在日米軍の手を借りなければならなかった。

（注五）『コンバット！』アメリカＡＢＣで放送されたテレビ映画。日本ではＴＢＳで六二年十一月七日〜六七年九月二七日放送。初期には、ロバート・アルトマン、バート・ケネディといった、後に名声を得る監督が参加していた。

だが、本シリーズでは、いつの場合でも主役は人間です。

そして、事件の裏には、常に悪魔の科学がひそんでいます。

科学は、善悪諸刃の刃です。それを利用する者によって、繁栄の道具とも破滅の道の道具ともなります。

本シリーズは、科学を悪用する者と守る者との、壮烈な対決を描き、科学の持つ〝恐怖〟の一面を強調したいと思います。

（中略）
☆シリーズのポイント
①恐怖を強調する！
暗闇を知らない現代っ子に、恐怖の本質を教えこもう！

監修者円谷英二の旧作で例えるならば、〝電送人間〟〝ガス人間第一号〟などの系列に属する怪奇ミステリーです。

ぬいぐるみから、液体、光波、冷凍、透明、といったより科学的な素材の生む恐怖が、ジワーッとくる戦慄を感じさせます。
②小道具を強調する！
所謂ドンパチや超大型の兵器はさけ、科学捜査の必要とする新兵器や科学器材を充実させます。

例えば、小型ビデオカメラ、赤外線カラーフィルム、時計ガン、電磁ムチ、その他、機械工具のサマザマが臨機応変に活躍します。

③リアリティを強調する！

「ウルトラQ」シリーズは、空想性を主にし、ややもすると子供だましの観がありましたが、本シリーズでは、意外な設定の中にも、現実感を視聴者に与えるような地についたドラマ作りをしたいと思います。

リアリティの問題は、現代っ子が「コンバット」や「スパイ大作戦」（注六）のような大人ものの深い時間帯を視る傾向が強くなった点から、特に大切にし、いわゆるジャリ物と称されることのないよう努力を払う心算であります。

☆ドラマの設定

「トライアン・チーム」とは、三人の若き刑事グループの名称です。

科学警視庁という架空の国家組織を設定し、その長官直属の特殊編成チームで、エリート的存在とします。

三人は、通常市井のある場所に、溜り場を持ち、事件ぼっ発と同時に、長官よりの指令あるいは自主的に捜査・処理に当たります。

（中略）

敵は、不特定多数です。

敵は、常に科学を悪用する知恵ある悪魔たちで、復讐、私怨、権力欲、征服欲、マニア、

（注六）アメリカCBSが放送した集団スパイドラマ。日本ではフジテレビで六七年四月八日～七三年九月二七日放送。

狂的心理、といった色々な理由で社会的弊害を惹起します。

また、「トライアン・チーム」のモットーは人命尊重であり、従って、火山の爆発、山くずれ、洪水といった自然の脅威にさらされる人々を救助することもあります。

その他、原因不明の列車転覆事故や旅客機の墜落なども三人の専門知識を生かし事件を究明します。

しかし、その場合にもバックには、人間の計画的、科学的犯罪が隠されており、一応、救助・捜査の形で出動しながら、最終的に犯人と三人組の対決が行われる設定になります。

（中略）

この二十代の三人のエリート刑事の活躍は、科学時代のヒーローたりうる十分の資格があると思います。

（彼等は超能力者でもスーパーマンでもなく、工学とか化学といった知識をもった刑事《エキスパート》でしかない。従って、非常にしばしばピンチに陥り易い弱者でもあることが大きな特徴です）

☆**登場人物**　紹介
○虎井《トライ》五郎　29歳
トライアン・チームのリーダー。

明智。二枚目。機械工学担当。

ありものを利用して新兵器を作り、しばしばピンチをまぬがれる。

エリオット・ネスのような男（注七）。

「リーダー」と呼ばれる。

（キャップ、チーフ、隊長、ボス、その他呼び名はあるが、山男の使うリーダーはあまりTV主役の呼称にないのでそうしたい）

○竜崎《リュウ》京介　27歳
化学の担当。

射撃、体力の点でリーダーに勝る。

荒武者だがユーモラスな点もある。

竜の如く天を飛ぶが、早とちりがありトライから叱られることしばしば。

子供からは抜群に愛される。

多弁。

○猪熊《イノクマ》栄三　26歳
電子工学の担当。

猪だから、猪突猛進と思われるが、その逆。冷静、沈着を絵に描いたような男。まるで眠狂四郎（注八）。

（注七）
FBI特別捜査班の実在の捜査官。アメリカABCテレビが放送したテレビ映画『アンタッチャブル』の主役として有名。日本ではNETで六一年五月〜六四年六月放送。

（注八）
柴田錬三郎の小説に登場するニヒルな剣士。映画では市川雷蔵が演じたシリーズが有名。

三人の中で最も若いが、そのねばり強さ、頭脳、カンの鋭さの点で前記二名も一目おいている。
無口。

以上、三名がレギュラーである。なお、余談ではあるが、三人の頭文字を取るとＴＲＹとなる。連絡その他でトライ！　の呼び名が使用されるが、必ずしもリーダーの虎井から取ったものではない。

○的矢　忠（年齢不詳）
科学警視庁長官。
声のみ。
感謝の言葉を怒鳴っていうクセがあるのが特徴。

○吉川さゆり（19歳）
トライアン・チームのマスコット。
喜怒哀楽がメチャクチャに激しいので三人ともしばしば泡を喰う。

この後、〝☆具体的ストーリー〟として「Ｍ・Ｑダイオード」「吸血こうもり」という二本のサンプルストーリーが記されている。前者は小型ダイオードにまつわる一卵性双生児の犯罪を、後者はこうもりを操って、密輸の取引現場から人を遠ざけていた犯罪者と、トライアン・チームの戦いを描くもの。サンプルとはいえ、これまでのシリーズを凌駕するような魅力が、この二本のプロットからは感じられない。

また、この企画書が作成された時期（二月二七日の金城メモから考えて六八年三月だろう）、金城は、『マイティジャック』の脚本プロデューサーとして、脚本の交通整理に追われていた。そのせいか、〝通常市井のある場所に、溜まり場を持ち〟〝長官よりの指令あるいは自主的に捜査・処理に当たります〟「トライアン・チーム」のモットーは人命尊重であり、従って、火山の爆発、山くずれ、洪水といった自然の脅威にさらされる人々を救助する〟といった文言に、同番組の影響が見て取れる。しかし新番組が〝怪奇犯罪シリーズ〟であることは明快に伝わるし、スポンサーサイドの要求を組み込んだ企画書と言える。

新番組の企画が、新たな地平に突入しようとしていた四月、ＴＢＳ側は新番組のプロデューサーとして、この時期『コメットさん』（注九）をヒットさせていた橋本洋二を送り込んできた。橋本は『ウルトラセブン』後半から番組に参加するとともに、新番組の検討を始めていた。

（注九）
六七年七月三日～六八年十二月三〇日。

タンツと呼ばれた男

橋本洋二の名が円谷英二の日記に登場するのは、一九六八（昭和四三）年二月二九日のことである。

――2月29日木曜日　天候晴　暖　昼に栄スタジオに回る。午後は編集をする。途中でＴＢＳの三輪さんが新しいプロデュースの橋本君を紹介に来る。

一方、上原メモに橋本の名が記されるのは、それから一ヶ月以上経った四月八日のことだ。

――4月8日（月）ＴＢＳ　藤川作品打合せ。行き、西都。30、31話オールラッシュ（６２０）、三輪、橋本両ＰＲ来社。

このタイムラグを解く鍵は、『ウルトラセブン』の延長問題だ。橋本が英二の元を訪れた二月二九日は、番組延長がまだ正式に決まっていなかった時期、というよりは延長か否かが流動的だった時期に当たる。もし延長が決まらなかった場合、橋本の番組参加はもう少し前倒しになっていたはずだが、この日は単なる顔見せに終わった。橋本が次の番組を担当することになったが、『ウルトラセブン』が延長されることになったので、一ヶ月以上も開いてしまったのだ。
橋本の記憶によれば、『ウルトラセブン』に初めて参加したのは第二九話「ひとりぼっちの地球人」の完成試写の日だという。『ウルトラセブン製作日報』では、満田組の二本持ち第二八話「700キロを突っ走れ！」と「ひとりぼっちの地球人」の検定が行われたのは、四月九日のことだ（注二）。上原メモと製作日報を合わせて考えると、実際は完成試写ではなく、検定試写だったようだ。また、それまでの三輪俊道に代わりプロデューサーを担当したわけではなく（事実、脚本の打ち合わせなどは、その後も三輪が行っている）、次回作を担当するに当たり、前任者からの引き継ぎ期間としての参加だったのである。

橋本　そうです。プロデューサーを代わったわけではなく、諸々のリサーチですね。『ウルトラセブン』の後半に何本かフィルムを見せてもらって、金ちゃん（金城哲夫）を紹介してもらったんですよ。まず僕が思ったのは、隊員達が「はい」「はい」って言っているのがわからなかった。隊員達それぞれ、違う考えがあってもいいはずなのに、判で押したように「はい」「はい」。これは昔の軍隊と同じでしょう。だからそういうふうじゃないドラマを書きたいと言ったんです。後にウエショー（上原正三）が、「あれを聞いて、金城がひっくり返っていましたよ」って言ってましたね（笑）。
だから円谷プロは僕のことを「変なやつが来ているな」と思っただろうし、そういう意味では、決して評判のいいプロデューサーだったとは思わないです。

（注二）
「700キロを突っ走れ！」脚本・上原正三、特殊技術・高野宏一。
「ひとりぼっちの地球人」脚本・市川森一、特殊技術・高野宏一。

上原　橋本さんは、プロデューサーというより有能な官僚という感じだったね。それで企画室に入るなり「隊長は〝出動！〟しか言わないんですか?」って言ったんです。「例えば朝、奥さんと喧嘩をしてきたかも知れない。だとしたらその日その日の感情で、同じ〝出動！〟でも違うニュアンスがあるはずだ、とね。脚本の台詞まで口を出すプロデューサーは、それまでにいなかったからね。それほど脚本には厳しかった。理詰めで来るからね。僕や市川（森一）は、プロットを何本もボツにされたよ。

そんな橋本に、市川森一はタンツという仇名を付けた。〝タンツ〟とは、アナトール・リトヴァグ監督による六六年の戦場ミステリー、『将軍たちの夜』（注二）で、名優ピーター・オトゥールが演じたエキセントリックなキャラクターだ。タンツは事件の重要人物で、異常心理の持ち主なのだから、橋本も大変な仇名をちょうだいしたものだ。ではその〝タンツ〟はどのような人物なのか?

橋本は一九三一（昭和六）年鳥取に生まれ、のち一家は東京に移り住んだ。母親は荻窪で下宿屋を営んでいたという。というのも父親は読売新聞の記者だったが、なぜか二年ほどで辞めてしまい、以降は仕事をしなくなってしまったからだ。下宿屋といっても、戦時下から終戦直後にかけては食糧難で、食うや食わず、爪に火をともすような生活だったという。

（注二）
脚本・ジョセフ・ケッセル、ポール・デーン、日本公開は六七年五月二七日。

橋本　ですから大学に入るときも「浪人はだめよ」と母親に言われ、それで浪人しないでも合格できそうな東京教育大学を選びました。

新制大学として出発したばかりの東京教育大学では、社会科学科経済学専攻で、経済学のイロハを学んだという。そのときの教授が、後に東京都知事となる美濃部亮吉だったが、あまり学校には来なかったという。

橋本が大学を卒業した五四年は、空前の就職難であった。やはり家の事情を考えると就職浪人は出来ない。そこで国家公務員試験を受けることにした。

橋本　公務員試験は八月にあったんですが、これが受かったんですよ。それで厚生省（現・厚生労働省）に行くことになったんです。ところが給料を調べたら、当時の平均の七五〇〇円に足りないんですよ。これじゃあ面白くないなあ、と思っていたところ、親父が新聞記者をやっていた当時の同僚に偶然、日比谷公園で会ったんです。聞くとその方はラジオ局にいるという。そして「どうなるかわからないけど、うちの会社（ラジオ東京）を受けてみろ」と言ってくれたんですね。

ラジオはよく聴いていたし、興味はあったんですよね。それで試験を受けました。クリスマスに東大の安田講堂などを借り切って試験ですよ。これはとても入れるもんじゃないな、と思ったんですが、幸運なことに試験問題の三分の一ほどが、公務員試験と同じだったんですね。それで筆記試験は通った。

でも面接の時、仕切っていた方が、「教育大学出身じゃ、ラジオ東京みたいな仕事は合わないと思うよ」と言ってね。僕はちょっとムキになって「自分はそう思っていない」と言い返して、険悪な雰囲気になってしまったんです。家に帰って親父に「力のある面接官と喧嘩したから駄目だろう。だから厚生省に入る」と言ったんですが、くだんの人から電話があって、「お前の息子はいい線いっている」「面接で喧嘩腰なのが気に入った。あいつを取れ、と言っている」と（笑）。

奇特な会社もあるもんだな、と思いましたが、そんな経緯でラジオ東京に入ったんです。給料は二年目で九〇〇〇円だったと思います。当時としては大変な額ですよ（笑）。

こうしてラジオ東京に入社した橋本は、本人の希望で社会部に配属された。社会部の部長は大森直道。東京帝国大学仏文科を卒業後、三五年に改造社に入社、二年後、わずか二七歳で当時の一流総合誌『改造』の編集長となった人物だ。大森は五六年、ラジオ東京テレビジョン（KRT、のちのTBS）開局に伴い異動、六二年に編成局長、のち常務取締役、監査役を歴任した。

円谷英二が独断で、オックスベリー社にオプチカル・プリンター1200シリーズを発注してしまい、金策に窮したとき、長男であり、当時TBSの映画部員だった円谷一の相談を受け、機材を社で買い取る方向に持っていったのも大森であった。この辺りの人の流れを見ていると、真に出会うべき人達が出会い、歴史に残る番組を創り出していった感がする。

さて、社会部に配属された橋本は、都立西高校の先輩だった土田節郎や、ルネッサンスや渡辺崋山（注三）の研究で知られる小説家、評論家の杉浦明平等と組んで、差別問題を取り上げた番組などを精力的に制作していった。ラジオドキュメンタリー『伸びゆく子どもたち』では須藤出穂や『怪奇大作戦』に脚本で参加する高橋辰雄、また評論家の木村徳三などと組んだ。『空中劇場』『ラジオ劇場』（注四）といった番組では、優れたドキュメンタリードラマを演出した。

ラジオのディレクターとして大いに気を吐いていた橋本が、テレビの世界に移るきっかけは、当時ＴＢＳで編成局長となっていた大森直道の一言であった。

橋本　「テレビ編成局映画部に来なさい」ということでした。もちろん僕も、テレビの方に移りたい、と希望を出していたんですよ。『ウルトラマン』を観ていて、これは絶対にやりたい、と思いましたからね。子供の頃からＳＦ冒険小説が好きだった、というのはあります。当時、毎日小学生新聞というのに、海野十三《じゅうざ》の『火星兵団』が連載されていたんです（注五）。それが楽しみでね。毎朝早起きして、新聞受けがカタッと鳴ったらすぐ飛びついて読んでいました（笑）。ほかに山中峯太郎の『見えない飛行機』とか江戸川乱歩の『怪人二十面相』とか（注六）、そういうものばかり読んでいたんです。

（注三）
三河国田原藩の藩士、画家。一八三九（天保十）年の蛮社の獄に連座、田原で蟄居の判決を受け、二年後、困窮した生活の中、自刃して果てた。

（注四）
橋本のラジオ時代の演出作品は、横浜放送ライブラリーで『空中劇場 ハイ夕刊です』（脚本・高橋辰雄）、『ラジオ劇場 アナウンサーひろし』（脚本・佐々木守）という二本のドキュメンタリードラマが視聴できる。

（注五）
毎日小学生新聞は三六年創刊。『火星兵団』は三九年～四〇年に連載された少年向け侵略ＳＦ。海野十三は戦前に活躍した作家で探偵小説の他、ＳＦ的な小説を他に先駆けて発表した。

（注六）
山中峯太郎は帝国陸軍軍人だが、翻訳家、小説家として名高い。翻こうして橋本は、栫《かこ》井巍《いたかし》、円谷一、飯島敏宏、実相寺昭雄らが所属していた映画部へ異動となった。六六年のことである。まず担当したのは昼の帯番組、いわゆる昼メロだった。当時、昼メロはフジテレビの独壇場であった（注七）。そこに風穴を開けようとして呼ばれたようだ、と橋本は語る。記憶に残る番組としては、『日高川』『婚前の二人』などがあるという（注八）。ことに『婚前の二人』は、ヌードが出てきたり、当時としては衝撃的なシーンがあり、物議を醸したが、視聴率は上々で、十五％を稼ぎ出したという。

並行して担当したのは邦画の買い付けである。当時、ＴＢＳは土曜日二一時五分から二時間枠で『土曜ロードショー』を放送していた。

橋本　これは邦画の旧作を放送する番組でした。あの頃、日本映画監督協会の取り決めで、上映後何年か経ったものは、テレビ局に売っていいというのがあったみたいですね。朝の十時から、夕方の六時まで旧作を観まくって何を買うか決めるんですが、この経験は後でずいぶん役に立ちました。

そしていよいよあの伝説の番組『コメットさん』に至る。同作は、大ヒットしたミュージカルファンタジー『メリー・ポピンズ』（注九）をヒントに作られた特撮ファンタジーで、全七九話、第一回週刊ＴＶガイド賞（現テレビ大賞）、最優秀バラエティ喜劇番組賞などを受賞した名作だ。作家陣は佐々木守、山中恒《ひさし》、光畑碩郎《みつはたせきろう》、高久進、宮内婦貴子などそうそう

訳はポプラ社の『名探偵ホームズ全集』、小説は『敵中横断三百里』、『亜細亜の曙』が代表作。『見えない飛行機』は三六年発表。『怪人二十面相』は三六年発表。稀代の怪盗怪人二十面相と、名探偵明智小五郎、その助手で少年探偵の小林少年との息づまる対決を描いた乱歩の少年向け代表作。のちシリーズ化された。

（注七）
かつては〝よろめきドラマ〟と呼ばれた。その第一作は、丹羽文雄原作の『日日の背信』。演出は〝アップの太郎〟こと岡田太郎。主演は原保美、池内淳子等。フジテレビ系で六〇年七月四日～九月二六日放送。

（注八）
『日高川』六七年九月十八日～十一月十日。『婚前の二人』六七年八月二一日～九月十五日。

たるメンバー。後半からは市川森一も参加している。監督は山際永三をメインに、中川信夫、香月敏郎らが担当した。のちに名コンビといわれる市川、山際コンビはこの作品で誕生し、第七八話「いつか通った雪の街」というシリーズ最高傑作を残した。


橋本　僕はラジオで子供向け番組を二年半くらいやっていたんです。だから局のムードとしては、あいつは子供向けが得意そうだ、ということだったんですね。

『コメットさん』は、昼帯を担当していた時期とダブりますね。当時は佐々木君（佐々木守）とブレインストーミングで毎日のように会っていました。『コメットさん』の企画作りには、親交のあった山中恒も顔を出していましたが、二人がしきりに「お前も手伝え」と言うんで、参加したんですよ。

『コメットさん』は国際放映との共同制作でしたが、そこのプロデューサーともめましてね。佐々木君と一緒にその方と会ったんですが、僕らはコメットさんの衣装はミニスカートをイメージしていました。そうしたら向こうは「そうじゃない、戦争中のもんぺ姿だ」って（笑）。全然違うから喧嘩になっちゃいましてね。それで「お前がやれ」みたいなことになった。ただ企画には最初から関与していたし、やれと言われても問題はありませんでした。

ラジオ東京の入社面接といい、ラジオ時代の社会問題へのアプローチといい、『コメットさん』のプロデューサー間の対立といい、自分の芯を貫き通す、という強い意志の持ち主で

（注九）
六四年、脚本・ビル・ウォルシュ、ドン・ダグラディ、監督・ロバート・スティーヴンソン、日本公開は六五年十二月十八日。

あることが見えてくる。そして六八年四月、橋本はプロデューサーとして『ウルトラセブン』に参加し、次回作の準備を始める。

科学恐怖シリーズ チャレンジャー

企画書『科学恐怖シリーズ トライアン・チーム』の本文は、筆致から見て金城哲夫の手によるものと推測できる。執筆時期は断定できないが、一九六八（昭和四三）年二月二七日の金城メモから考えて（五五頁参照）、三月の初頭から半ばにかけてだろう。最終的に仕上がったのは、十四日の未明のようだ。以下、上原メモから新企画の動きを追ってみよう。

3月9日（土）科学技術庁。打合せ。 TBS 新企画打合せ
3月12日（火）TBS 美女と液体人間 企画打合せ PM、4・30。行き 小久保車。
3月13日（水）直接行く。帰り金城出す。TBS PM11・30 新企画打合せ。AM12・30
小六仕げ（原文ママ） 新企画ストーリー書く。事務所にて徹夜。クポール。（500）——

3月14日（木）ストーリー。ＰＭ6――新企画打合せ。朝六時帰宅。午後よりＴＢＳ。ＰＭ3・00．直接行く。

この頃上原は『マイティジャック』に全力投球している金城のサポートで『ウルトラセブン』の文芸担当についていた。また小学館の学習雑誌に原稿を提供しており、『ウルトラセブン』の脚本執筆も含め多忙を極めていた。したがって新企画に関しては全ての打ち合わせに顔を出しているとは言いがたいが、三月十四日以降、新企画に関する新たな打ち合わせは四月までペンディングとなる。その理由は、前章で述べた通り『ウルトラセブン』延長に関わるタイムラグである。

そして初めて橋本の名が記された四月八日以降の上原メモから、新番組についての書き込みを抜粋する。

4月9日（火）ＰＭ3・30――6　打合せ　ＴＢＳ、新企画打合せ。行き、金城払い。

4月10日（水）ＡＭ11．ＴＢＳ打合せ　直接行く。視聴率26・4と最低。ＭＪ、11．3とこれまたがっかり（注一）。

4月12日（金）ＴＢＳ、新企画打合せ　ＰＭ1時

（注一）
視聴率はそれぞれ『ウルトラセブン』第二七話「サイボーグ作戦」（脚本・藤川桂介、監督・鈴木俊継、特殊技術・的場徹）、『マイティジャック』第一話「パリに消えた男」のこと。

4月22日（月）新企画打合せでTBS。
4月25日（木）橋本　PM5・30来社

また四月、TBSで行われた会議のメモが残されているが、それは脚本を四月中に三本作ること、キャスティング、クランクインの時期など、実制作のスタートに関する詰めの打ち合わせだった。脚本に関しては、木村武、安藤日出男、浅間虹児、小川英、大川久男の名前が挙がっていて、キャスティングに関しては、原保美、小林昭二、小橋玲子の三名は決定、主役に関しては、高橋幸治、石立鉄男、高橋元太郎の名が挙がっている。そしてクランクインは六月末とされた。

脚本家に関しては、木村武以外、特撮ものには縁遠い、しかし犯罪ものが得意な人選である。このことからも、新番組はこれまでとは違った方向性で行くという決意が見えてくるが、実際に参加した脚本家はこのメンバーにはいない。

いずれにしろ四月八日以降、つまり橋本が正式に新番組のプロデューサーの任についたあと、企画書『トライアン・チーム』は再検討され、『科学恐怖シリーズ　チャレンジャー』が提出される。以下、その企画書を採録する。

☆はじめに

怪獣をどうのりこえるか。――私どもに与えられた大命題でありました。時代劇、コメディ、ファンタジー、メルヘンなど、様々のジャンルが取上げられ、検討を加えられましたがこれらはいずれも時流に適さず、視聴率的にもさほど多くを期待できないし、新味という点でも一頭地を抜くものはなかったわけです。

私どもが、今度の企画に当たって、特に注意したのは次の点です。

（一）視聴者の年齢層を拡大する。

（二）子供の視聴者はあくまで確保する。

（三）視聴率は絶対に欲しいが、現在まで様々の話題とブームを巻き起こしてきた時間帯であるから、その栄光に恥じるような低俗なものは出さない。

そして、以下のような新企画がうまれました。

怪獣にははっきりと袂別し、リアリティを尊重したのが前述（一）への配慮であり、これによって充分大人の観賞にも堪えうると信じます。

大自然の思いもつかない暴威や、われわれの科学常識では説明のつかない異変、神秘的かつ人間の魂に宿る原始的恐怖感情を盛りあげるための、技巧を駆使した大特撮の数々は、（二）で述べた子供たちの目をがっちり捉えて離さない作戦です。

そして、ややもすると「ウルトラ――」シリーズでは大立回りが前面に押し出され、情緒的要素が乏しかったのに引き比べ、「チャレンジャー」では、ヒーローたちと、事件の渦中の一般人の間に、何らかの人間的な心の触れ合いを求めたいと思っております。佐藤紅緑《こうろく》（注二）が再び読まれているように、少年たちの心に宿るロマンの灯を、美しく正しく伸ばしてやるための一助となりたいと思います。事件を通して涙のこぼれるような極めてヒューマンな一話も出現することでしょう。

（以下、番組の形式、番組の種類等々は略す）

《企画意図》

これは怪獣映画ではありません。

「ウルトラ――」シリーズの場合、事件の主役は常に怪獣であり宇宙人でありました。本シリーズからガラッと模様を変えて、主役は〝人間〟と〝自然〟です。そして、人間の怪奇、自然の怪奇のドラマが語られ、恐怖と戦慄を知らない現代人、なかんずく、現代っ子に、ドヒャッと身震いのするホラー・ゾーンをお目にかけようという狙いです。

ややもすると、錆びたキカイのようにカラカラに乾ききってしまいそうな現代人の心に、もろもろの恐怖を楽しんでもらい、現代から未来へますます複雑化する人間社会の潤滑油として、このドラマを提供したいと思うのです。

このあと、シリーズのポイントと続くが、内容は『科学恐怖シリーズ　トライアン・チー

（注二）
『あゝ玉杯に花うけて』『少年連盟』（『十五少年漂流記』の翻案）などの少年小説で大人気を誇った、昭和初期の作家。六七年に講談社から『佐藤紅緑全集』が刊行された。

ム』のそれを、文章の前後を入れ換える程度の変更なので（企画意図もそうなのだが）省略する。以下、企画書から設定部分を抜粋する。

《登場人物の紹介》
○虎《とら》 井《い》 兵《ひょう》 馬《ま》 24歳
主人公。明智な正義漢。

SRI（後述）で機械工学を研究。科学捜査の器材開発に天才的な仕事をしている。

探求心、冒険心に富み、一度、くいついたら絶対に離さないスッポン的執念の持ち主でもある。万能のスポーツマン。

独身。

女性にモテすぎるのが悩みの二枚目。

〝兵馬〟と呼ばれる。
○竜《りゅう》 崎《ざき》 京《きょう》 介《すけ》 28歳
虎井の先輩格。

SRIで化学を研究。爆発、脱線、墜落の事件、事故の時大活躍する。

体格が大きく、荒武者のようだが、ユーモラスな面もあり、よく虎井を助け、チームワークの潤滑油。

子供たちから抜群に愛される。

多弁。

〃竜さん〃と呼ばれる。

○猪熊《いのくま》　栄三《えいぞう》　21歳。
最年少。

SRIで電子工学を研究。名前とは、うらはらに、冷静、沈着で、所謂〃青白きインテリ〃タイプ。

仕事も、慎重で、間違いがないが、どちらかというと行動力にとぼしい。しかし、頼りになる男ではある。

〃栄ちゃん〃と呼ばれる。

○的矢《まとや》　忠《ちゅう》　48歳
SRIの所長。

元警視庁警部。アメリカのFBIに研修に行き、科学捜査の必要を痛感し、帰国後SRIを創立した。

所謂古い刑事タイプではなく、進取の気性に富み、学究肌で、虎井たち三人とよく議論もたたかわす。

半官半民で経済的には苦しいＳＲＩだが、研究のためなら身銭を切ってでもやり通すこの所長に、虎井たちも信頼と愛情を持ってつくしている。

白髪のまじった、スマートな紳士。

〝所長《ボス》〟と呼ばれている。

○古《ふる》川《かわ》　さおり　19歳
ＳＲＩの秘書兼連絡係。

好奇心の強いお嬢さん。しばしば事件の糸口をつかんで一同を慌てさせる。

虎井を慕っているが、行動は逆に出てしまう。

キュートな感じのイカス娘《こ》。

〝さおりちゃん〟と呼ばれる。

所長は〝古川君〟と呼ぶ。

○町《まち》村《むら》　大《たい》蔵《ぞう》
警視庁刑事部長。

ＳＲＩに事件を依頼する場合は、町村が窓口になっている。

的矢の同期生で、親友。ＳＲＩの顧問も兼ねている。

〝部長〟と呼ばれている。

《ドラマの設定》

時代設定　現代

「ＳＲＩ」とは、SCIENCE RESEARCH INSTITUTEの略で〝科学捜査研究所〟のこと。

元警部的矢が、怪事件、怪現象と呼ばれる〝怪〟の部分を、科学的に捜査、分析、解決するため、私費と警視庁の援助を受けて設立した研究所である。

警視庁の援助は受けているが、おかかえ機関ではなく、的矢個人のフリーの組織である。郊外の小高い丘の上に、ＳＲＩのビルがあり、一見こぢんまりとした建物の中に、コンピューターをはじめ、科学捜査に必要な全ての研究器材が納められている。

事件が複雑化、凶悪化した現在、所謂〝聞き込み捜査〟から、科学捜査と科学器材による方向に進みつつあり、ＳＲＩでも、機械工学、化学、電子工学の専門家を養成し、研究に当たらせている。

このシリーズは、このＳＲＩに勤務する若き三人の研究員たちが、奇々怪々な事件に遭遇し、持ち前の専門知識とチームワークで、次々と解決してゆく過程を描いたドラマである。

三人は、日頃ＳＲＩで科学捜査の新方法の開発、新兵器の発明など具体的な仕事にそれぞれ取り組んでいるが、警察力では手に負えない怪事件や、怪現象の発生と同時に行動を起こし、あらゆる科学的手段と機知を用いて解決に当たる。勿論大がかりな犯罪事件や、機動力を必要とする場合には、警視庁や防衛庁の協力を求めなければならないわけである。彼らには制服も勲章もない。また警官や刑事ではないから拳銃の所持も許されていない。だが、権威をふりかざすことなくこの上ない危険を冒して戦うことこそ彼等の誇りであり、三人の間に肉親以上の信頼感が生まれる所以なのだ。殺人をタブーとする三人は、パラライザー、ショックガンといったＳＲＩ開発の新兵器を駆使して堂々と戦う。彼等は決して功名を主張しない影の存在だが、その真の役割を知る者にとっては、無二の信頼の対象なのである。

彼等は殺人、爆破、墜落といった社会的な犯罪から、自然の不思議な現象まで、すべて㊎と㊍の二字がつく事件ならとび込んでゆくが、なかんずく、科学を悪用する智恵ある犯罪者には深い憤りをぶつけ、科学を守る者として仮借ない制裁をくわえる。

監修者円谷英二の旧作で例えるならば「透明人間」（注三）「ガス人間第一号」「電送人間」「美女と液体人間」といった一連の人間変身のテーマのドラマを、恐怖人間シリーズと銘うって、三人のＳＲＩとの対決を描くこともある。

彼等三人のヒーローたちは、超能力者でもスーパーマンでもなく、機械工学、化学、電

（注三）
脚本・日高繁明、監督・小田基義、撮影・特技指導・円谷英二、五四年十二月二九日公開。

子工学の知識をもつ生身の人間であり、非常にしばしばピンチに陥る。

しかし、そのピンチを背広の下に隠された新兵器と智恵でき り抜ける見事さ。これが、一つの見せ場である。

（SRIでは小動物を飼育し、犯罪捜査のアシスタントにしている。小鳥・猫・ネズミ・鳩等が彼等のピンチを救うこともたびたびである）


以上のように、恐怖とサスペンスを強調しながらも、このシリーズでは、特に〝人間ドラマ〟を大切にし、三人の若者と、事件に巻き込まれる登場人物たちの間に、豊かな感情のふれ合いを織り込み、主人公への強烈な感情移入を狙って行きたいと思います。

☆具体的内容メモ

○「魔のシネグラス」

フロントグラスの風景が突然変化し、乗用車が次々に谷底に転落する。SRIの三人が、フロントグラスの〝怪〟をあばき、映画の画面のように自由に風景の変えられるシネグラスを悪用した犯人を突き止める物語。

○「恐怖の五時間」

ある生化学研究所から委託された〝恐怖の細菌カプセル〟を積んだセスナ機が嵐のた

めに某山中に墜落した。たまたまキャンプ中の数人の男女は、山崩れのため孤立し、しかも壊れたカプセルから浸出した細菌のために生命の危機にさらされる。ＳＲＩは決死の救出作戦に従事し、死の寸前キャンパーたちをたすけ出す。

○「吸血こうもり」

こうもりの周波数に合わせて、自在にこうもりを操り、洞窟の隠れ場を守る密輸の犯人ども。ＳＲＩの出動で、こうもりを逆に操作し犯人をおそわせる。

○「アイスマン」

南極で行方不明になった安藤隊員が、冷凍人間になって東京に舞い戻っていた。恐怖の復讐ドラマ。

○「サイレンサーＭＱ」

ＳＲＩの武器庫から、開発中のサイレンサーが盗まれた。犯人は、銀行を襲い、殺人を犯し、悪の限りを尽くす。追いつめられた三人が、生命を賭して、サイレンサーを奪い返すまでのサスペンス・ドラマ。

○「研究室午前二時」

医大の死体安置所から、数体の屍体が盗まれた。十日後サマザマに改造された人間たちが夜の東京にあらわれた。SRIは、その改造人間が、盗まれた屍体のよみがえりであることを突きとめ、改造人間を操る悪魔のような科学者をタイホする。

○「幽霊を売る男」
紫外塗料で壁に描いた絵を幽霊にみせかけ大儲けをたくらむ男。SRIで、幽霊の正体をあばくスリラー編。

○「超人対人間」
透視力、念動力を持ったエスパーが、SRIに挑戦してきた。新兵器対超能力者のアクション・ドラマ。

○「出現と消失」
京浜工業地帯の大爆破事件。ポリケミカルにまつわる陰謀をSRIの活躍であばくドラマ。

多少長くなったが〝登場人物の紹介〟〝ドラマの設定〟〝具体的内容メモ〟をノーカットで採録した。というのも、そこに橋本洋二の求めた新番組と、円谷プロのそれとの差違、あるいは溝が見て取れるからである。

この企画書『チャレンジャー』は、上原メモに記されたTBSとの打ち合わせの流れから考え、遅くとも四月の半ばには完成していただろう。そしてほぼ同じ時期、六本のシノプシスが記載された『チャレンジャー（仮）＝シノプシス集＝』がTBSに提出された。以下、タイトルと内容のあらましを記す。文章は筆者がまとめたものである。

（1）「燃えつきた人形」

熱力学の権威、小崎郁生博士の身辺で、奇怪な事件が連続して起きていた。博士の居室に光熱を帯びた火の玉が飛来し、椅子を一瞬のうちに黒焦げにしてしまったり、乗る予定だった飛行機が巨大な火球に襲われ、山中に不時着したり、研究室の書庫が、光熱のため一瞬にして燃えつきたりしていた。

博士の娘、千春からの依頼で事件の捜査に乗り出したSRIは、背後に特殊エネルギー発生装置にまつわる、重大な背信行為があったことを突きとめる。

博士は、助手であった曲谷が発明したそれを、自分のものとして発表していたのだ。そして曲谷に関しては、根も葉もない噂をばらまき、闇に葬った。今回の事件は、それを恨んだ曲谷の復讐だったのだ。

SRIは、博士そっくりの蝋人形を作り、罠を仕掛ける。果たして現れた曲谷は、火球を操って人形を襲わせた。しかし博士は隠し持っていた拳銃で曲谷の命を奪うと、自らも命を絶ったのであった。

(2)「山小屋の七人」

とある山中で、身体の半分が溶解した猟師の死体が発見された。調査に乗り出したＳＲＩは、雨に降られ山小屋に避難する。その山小屋を襲う巨大な植物。

それは農林試験場の男が、ガンマー線による品種改良で作りだした恐ろしい食虫植物だったのだ。

(3)「翼の敵」

自衛隊のパトロール機や、民間の航空機が謎の墜落事故を起こした。ＳＲＩの調査で驚くべき事実が判明する。なんと飛行機が食べられていたのだ！　その犯人は、空飛ぶクラゲだった。生み出したのは生物研究所分室の新村技官。大空を飛ぶ夢に取り憑かれていた彼は、それが叶わぬと知るや、逆に飛行機を憎悪する人間になってしまったのだ。

(4)「フランケン一九六八」（注四）

銀座の一流宝石店から、毎夜のように高価な宝石が盗まれていった。現場を捜査したＳＲＩは、窓枠から少量の珪素を発見、その中から指紋の一部を採取することに成功した。指紋の持ち主は、昭和のねずみ小僧と言われた怪盗黒井五郎。しかし彼は、二ヶ月前に死

（注四）
金城メモと検討用脚本では、「フランケン１９６８」とアラビア数字表記。

んでいたのだ。彼を甦らせたのは、兼高博士。珪素と人体の研究を進めていた博士が、黒井を、自身の肉体を液状化できる珪素人間に改造したのだった。

(5) 第三の村

『トライアン・チーム』『チャレンジャー』企画書に記載されていた「吸血こうもり」のパワーアップバージョン。今回はこうもりの他、ピラニアまで登場し、人間を襲う。

(6)「火の鳥」

朝のゴルフ場で見つかった焼死体は、五年前、行方不明になった男だった。芝には、巨大な鳥のものと思われる、焼け焦げた跡が点々と残っている。全長十五メートルの火の鳥⁉︎ その正体は、豊臣家の埋蔵金を狙う一味が操るイオンクラフトと呼ばれる科学超兵器で、一味は蒸発した人間達を集め、強制的に埋蔵金探しをさせていたのだった。

かくてジェット機対火の鳥の壮烈な空中戦が展開された。

企画書に記された〝怪獣をどうのりこえるか。（中略）一頭地を抜くものはなかったわけです〟や、〝ややもすると、錆びたキカイのようにカラカラに乾ききってしまいそうな現代人の心に〟などというささか気取った文言の羅列は、それまで見られなかったものだ。〝神秘的かつ人間の魂に宿る原始的恐怖感情を盛りあげるための、技巧を駆使した大特撮の数々〟

というのも、ずいぶん持って回った言い回しである。戦前の少年小説の大家、佐藤紅緑の名が記されているのも、いささか唐突である。これは筆者の邪推だが、橋本洋二の好みに寄せるため、金城がひねり出した文章のような気がする。

企画書が『トライアン・チーム』から『チャレンジャー』へ移行するとき、橋本は、この新シリーズでは人間ドラマが重要と伝えたに違いない。『トライアン・チーム』において、シリーズの肝は〝科学を悪用する者と守る者との、壮烈な対決を描き、科学の持つ〝恐怖〟の一面を強調〟することだった。一方『チャレンジャー』では人間ドラマを大切にすることが謳われている。しかし橋本の目指す人間ドラマと、円谷プロ（この場合は金城だろう）の考えたそれには、大きな隔たりがあった。金城の考える人間ドラマとは、あくまで〝三人の若者と、事件に巻き込まれた登場人物たちの間に、豊かな感情のふれ合いを織り込み、主人公への強烈な感情移入〟が起きることなのである。

そして企画書が目指した方向性は『シノプシス集』を読んでいただければわかる通り、『ウルトラQ』の世界に科特隊が紛れ込んできたようなストーリーだった。新番組最初期の打ち合わせに参加したメンバーが、そのまま企画を進めていったとしたら、『チャレンジャー』の方向性で番組が生まれたかも知れない。同じ円谷プロ作品で言えば、いわゆる第二次怪獣ブームの頃の『緊急指令10－4・10－10』（注五）をアダルト向けにしたような作品が誕生した可能性がある。

しかし橋本が目指したのは、『怪奇大作戦』をご覧になれば明らかなように、時として事

（注五）七二年七月三日～十二月二五日、NET。

件を巻き起こした側のドラマを重要視する。この隔たりはあまりにも大きかった。橋本は言う。

橋本　要するに、かなり『スパイ大作戦』に影響されていたんですね。僕は、そういったものをやる気はない、ちゃんと人間を描いたものをやらないといけない、と伝えていたんですけど、あの頃金城さんは、『マイティジャック』の方で忙しかったでしょう。だからあまり打ち合わせする時間がなかったんですね。そのせいか、企画書が出来てきても、僕の考えとは根本的に何かが違っていたんです。

プロローグで明らかにしたように、この頃の金城は、『マイティジャック』対策に忙殺されていた。橋本との打ち合わせが始まった頃、第一話が放送された『マイティジャック』の視聴率は、期待にはほど遠かった。そして五月には、『マイティジャック』は一クールで制作を終了し、三〇分番組として再出発することが決定する。この混乱の中、『チャレンジャー』の企画書を元にしたパイロット台本が三本書かれている。金城哲夫脚本の「フランケン1968」と砂田量爾《りょうじ》脚本の「細い手」、そして佐々木守脚本の「死神と話した男たち」だ。印刷はそれぞれ六八年五月九日と十一日、「死神と話した男たち」はTBS側で用意した脚本であり、印刷日は不明だ。この件については後述する。

金城の手による「フランケン1968」は『シノプシス集』に記された同名タイトルの脚

本化。『チャレンジャー』の〝具体的内容メモ〟にあった「研究室午前二時」を発展させたものだろう。だがフランケンシュタインの怪物に当たるキャラクターは珪素人間ではなく、元のアイディア通り、死体を蘇生した改造人間で、拳銃で撃たれてもびくともせず、ビルとビルの間をひとっ飛び出来るなど、人間離れした能力を持っている。怪人の出現、アクション、謎の人物の登場、どんでん返し、クライマックスの悲劇と、エンターテインメント作家金城らしいストーリーだが、全体的に締まりがない。それはひとえに、改造人間にされてしまった阿久沢という男の悲劇に迫り切れていないせいであろう。

『七人の刑事』や、〝よろめきドラマ〟第一作として有名な『日日の背信』、そして名匠木下恵介監督の復活作として名高い『衝動殺人 息子よ』(注六)の脚本家である砂田量爾(注七)の手による「細い手」には、軟体人間が出現する。これも「フランケン1968」同様モンスターもの。軟体人間今村は、その特殊能力を使って宝石泥棒をしたり、世の中を騒がせる。ラスト、軟体人間の実験場があった奥多摩の建物は突然の爆発で消滅し、今村を改造した男の生死は不明のまま終わる。軟体人間の特殊能力のビジュアル化に終始した脚本だが、締まりがないことおびただしい。その原因としては、脚本家が特撮ものというジャンルを理解しないまま作業を進めてしまったからだろう。

五月十四日の上原メモには〝TBS、チャレンジャー　打合せ〟とある。同メモで〝チャレンジャー〟と記されたのは、この日が最初だ。脚本の印刷時期から考え、おそらくこの日

(注六)
脚本・砂田量爾、木下恵介、七九年九月十五日公開、松竹、TBS。プロデューサーは当時木下プロ所属だった飯島敏宏。

(注七)
『七人の刑事』で脚本家デビュー。NHKの少年ドラマシリーズでは、久生十蘭原作の『霧の湖』(七四年九月九日〜十八日)を手がけた。

に「フランケン1968」と「細い手」の検討会が行われたのだろう。正直「フランケン1968」と「細い手」の完成度は低い。だがそれ以前に、企画書、プロット集も然り、二本の検討用脚本も然り、そこに橋本が目指す人間ドラマはなかった。円谷プロ側が、新番組を『スパイ大作戦』の路線でとらえていたとしたら、橋本は『七人の刑事』のそれなのだ。この埋めがたい溝を克服するため、橋本は、旧知の佐々木守に頼るしかなかった。

この辺りの心境を、『怪奇大作戦大全』で、橋本は以下のように語っている。

橋本　円谷プロの第1話は、金城さんが脚本、演出は円谷一さんというラインが決まっていましたし、彼等は実力がありますからね、それに期待したんです。ただ僕としてはやはり全体がつかめない。そこで金城さんと話し合ったんですが、何しろ彼は多忙でしたから、「じゃあ佐々木さんと話して下さいませんか」ということになりましてね。そこで佐々木君と話をしたんです。彼に企画書を見せて、「もう君と心中するから、ともかく話をまとめよう」と。で色々話をして、ある程度まとまりがついてきて「それじゃあパイロット的な1話目を書こう」と言って、それを元にして他の脚本の発注をしようということにしたんです。

こうして書かれたのが「死神と話した男たち」である。表紙には〝チャレンジャー　死神と話した男たち　準備稿〟とある。これは胎内被爆を題材とした第五話「死神の子守唄」の準備稿ではなく、同じ実相寺昭雄組の第四話「恐怖の電話」の準備稿であり、同作品と基本的な構造は変わらない。電話の増幅器を使って超音波を熱線に変え、殺人を繰り返す男。その背後には、太平洋戦争中、南方で押収した財宝にまつわる忌まわしい出来事があったという内容だ。ボリューム的には、一時間ドラマほどの内容がある。速筆の佐々木守は、その脚本を一気に書き上げたという。

すでに記した通り、橋本と佐々木の付き合いはラジオ東京時代に遡る。きっかけは、『映画評論』という映画雑誌だった。まだ明治大学の学生だった佐々木は、同紙の編集を担当しており、橋本に記事執筆の依頼に来たのだという。以下、『円谷プロ　怪奇ドラマ大作戦』から、橋本のインタビューを引用する。

橋本　彼とは兄弟みたいなもんでしたよ。（中略）僕がやっていた子供番組の脚本家が佐々木君の先輩で、よく収録を見にきてたんですよ。安保のころなんか、いつも僕の家に泊まって議論しあったり。彼は僕の考えていることを100％わかっていて、それを120％にしてくれる人だった。

このパイロット的台本「死神と話した男たち」の出来に橋本は満足した。この脚本は事件の背後に戦争問題というテーマがある。これでいける、橋本は手応えを感じた。

現代の怪奇　恐怖人間

三本の検討用台本が上がったのち、円谷プロは新たな企画書を用意する。それが『現代の怪奇　恐怖人間』である。以下、内容を抜粋する。

☆制作意図

米国で実際に起こった事件で………

Ⓐある夜、ニューヨーク市で自動車のフロント・グラスが突然網の目のような亀裂を起こし、疾走中の車が衝突事故などを起こし、かなりの被害が出た。しかも、それが隣接する都市に、通り魔のように連鎖反応的に広がっていった。FBIが捜査に乗り出し、専門家を動員して捜査に当たったが、原因は遂に不明であった。

Ⓑある主婦がゴムホースで庭の芝生に撒水している時、電話が鳴ったので家の中に入り、五分ばかりして戻ってくると、不思議なことに、ゴムホースが地中深くめりこんで、どんなに引っぱってもぬけない。驚いた主婦は、ポリスに連絡して、庭を掘り起こし、ゴムホースを引きぬいたが、なぜ地中にもぐってしまったのか、原因は全くわからなかった。

Ⓒカルフォルニアのある町で、一人の老婦人が焼死体となって発見されたが、死体の他

には椅子も絨毯も壁も焼けた形跡はなく、しかも鍵が内側からかけられており、後で死体を運んだとは考えられなかった。この事件は「密室の焼死体事件」として評判になったが、遂に迷宮入りとなった。

―etc―

これに類した怪奇的な事件は、調査によれば、世界各地でかなりの件数が起こっています。

科学では推断を許さないこれら〝現代の怪奇〟が、日常的な世界で起こっているだけに、心胆から戦慄を感じさせます。

なぜ、右のような例話を持ち出したかといいますと、この新番組がまさにそのような〝現代の怪奇〟をモチーフにしたものだからです。

現代の科学では判断しがたい未知の影の部分をピックアップして、その怪奇性と恐怖性に人間の英知が、どう挑戦するかを描くサスペンス・ドラマなのです。

これらの恐怖は、現代人を、とりわけ現代っ子たちを、心の底から震えあがらせ、楽しませるもので、毎日の生活の中で見慣れた文明の利器をもう一度恐怖の目で見直すことになると思うのです。

このドラマを制作する意図もまた、そこにあるわけです。

☆ドラマの設定

本企画は〝現代の怪奇シリーズ〟です。

現代、とわざわざ銘打ったのは、所謂怪奇ブームにおける怪談ばなしとは、明解に一線を引くものだということを認識していただきたいからです。

つまり、ここで扱う怪奇や恐怖は、科学時代の今日にふさわしい科学的な裏付けをもったものです。

〝科学〟と〝怪奇〟は、互に離反する概念です。しかし、その間に、〝人間〟が入りこむことによって、二つの違った概念が結びついてきます。

このドラマには、科学を歪んだ心理で巧みに悪用し怪奇と恐怖の犯罪を企む人間が、毎回登場するということになります。

例えば、幽霊が出現したとしても、その裏には人間がおり、実はそれが科学的テクニックで生み出した人工幽霊だということが最後に判る仕組みになっているわけです。

その意味では、〝犯罪ドラマ〟の形式ともいえます。

『科学を悪用して犯罪をおかす者とそれをあばく者の対立を描くドラマ』が基本的な設定です。

犯罪者は、不特定多数で、毎回違う智恵ある悪魔が登場します。彼等は、復讐、私怨、欲望、マニア等々、サマザマな目的を持って、自分の望みを達成しようとします。そして、想像を絶する科学的なアイディアとテクニックで、我々を恐怖のドン底にたたき込みます。

彼等は、例えば自動車、電話、コンピューター、テレビ、電気、液体、光波といった日常的なモノを利用して、とてつもない怪奇な犯罪を行うわけです。

以下、SRIについての記述だが、『チャレンジャー』と同工異曲なので省略する。その後、登場人物の紹介となり、主人公が牧史郎、三沢京介、野村洋以下、『怪奇大作戦』同様となる。引用を続ける。

☆特撮はどう生かされるか

所謂ドンパチと称するミニチュア・ワークの爆破シーンや大型メカニズムの戦闘場面も無視出来ませんが、今企画では、特撮の奥義といわれる、オプチカル・プリンターによる合成撮影法が最大の力を発揮するでしょう。

トラベリング・マットやキャンパス・マット法が画面の恐怖感を盛り上げます。

特殊カメラによるレンズ的効果も無視出来ません。

監修者の円谷英二の旧作で例えるならば、「透明人間」の無人車の疾走、透明人間が包帯を解く恐怖、「ガス人間第1号」（原文ママ）のガス状化する人間の恐怖、「美女と液体人間」のゼリー状の液体人間が地下水道を這いずりまわる恐怖などを思い起こして頂きたい。

かつて未だ（原文ママ）お目見えしたことのない新しいテクニックが、ブラウン管に恐怖をふりまいてくれるでしょう。円谷は「特撮に不可能はない」とスタッフを励ましています。

☆制作スタッフ

監　修　円谷英二
プロデューサー　野口光一（円谷プロ）
　　　　　　　　橋本洋二（TBS）
脚　本　福田純
　　　　佐々木守
　　　　金城哲夫
　　　　市川森一
　　　　砂田量爾
　　　　浅間虹児
監　督
出演者（後略）

本タイトルで検討用台本が三本執筆されている。「死神と話した男たち」と「恐怖のチャンネルNo．5」、それに「殺人回路」である。「死神と話した男たち」は『チャレンジャー』として執筆された同名作を、三〇分バージョンにアレンジし直したもの。印刷日は一九六八（昭和四三）年六月五日。「恐怖のチャンネルNo．5」は福田純の作で、『怪奇大作戦』では第十話「死を呼ぶ電波」として放送された。印刷日は六月十二日。「殺人回路」は市川森一の作。これはTBS側（つまり橋本）が用意した脚本なので印刷日は不明だ。『怪奇大作戦』では福田純の手が入り、同名作（第二〇話）として放送されたが、本作については第三部で後述する。

『恐怖人間』の企画書が執筆された時期であるが、「死神と話した男たち」と「恐怖のチャンネルNo．5」の印刷時期を考えると五月後半から六月の頭だろう。

『恐怖人間』でも、橋本の狙った、いわば〝事件の背後に潜む人間の心の闇〟というテーマは謳われていない。しかしすでに佐々木守の「死神と話した男たち」（準備稿）という企画書代わりの脚本があったせいか、これが最終的な企画書となった。なお、『怪奇大作戦』自体の企画書は『恐怖人間』と内容が同様なので省略する。

時期が前後するが、橋本の記憶では、佐々木守との打ち合わせの翌日が、箱根で開かれたスポンサーとの会議だったようだ。当時梅ヶ丘に住んでいた佐々木守の家を訪ね番組の主旨を話したところ、その意を汲んで一晩で書き上げたのが「死神と話した男たち」（これが印刷されて『チャレンジャー』版となる）だという。橋本は出来上がったばかりの生原稿を持ち、その日に箱根で開かれた会議に出席したのである。会議が開かれたのは、六月の梅雨の晴れ間がのぞいた日だったという。

タケダアワーの広告代理店だった宣弘社で、武田製薬担当だった渡辺邦彦のメモを今回入手した。その中で、六八年六月の気になる部分を採録してみると、

6月9日（日）大阪 ◎ チャレンジャー会ギ 13°30～

6月19日（水）TBS打ち合わせ

6月21日（金）◎ 銀座13°00 TBS 円谷プロ打ち合わせ

6月22日（土）TBS 題名会議 13°～

6月26日（水）4°～タイトル会ギ〃（注一）

6月29日（土）円谷プロ打ち合わせ 朝

（注一）この日の上原メモには〝新題名 怪奇大作戦に決定〃とある。

筆者は当初、六月九日が箱根会議だったのではないかと推測した。というのも『恐怖人間』のタイトルが記された「死神と話した男たち」（便宜上、改訂版とする）の印刷が六月五日というのは、箱根会議に合わせたものと考えたからだ。しかし〝大阪〟と記されているし、渡辺の記憶でも、その日が箱根会議であるかどうかはわからないという。以下は渡辺の談話である。

渡辺　その会議が行われた期日が、小生の手帳にあった六月九日十三時三〇分であって、会場が大阪武田薬品であったかどうかはわかりません。当時は、武田の事を㊤マークで記すことが多くありましたので、これもその一つだと思います。でもこの記述から新番組の企画会議が六月九日十三時三〇分からあったことは間違いないと思います。

よくよく考えれば、橋本は佐々木の〝生原稿〟を持って会議に出たはずである。つまり箱根会議は六月五日以前でなければならない。とすれば六月の早い段階、もしくは五月後半に箱根会議が行われ、その結果を受けて『恐怖人間』（企画書）と、「死神と話した男たち」（改訂版）が作成されたことになる。

橋本　箱根には、武田薬品の方々が僕より先にいらしてました。そこで「色んな企画書が出回って申し訳ありません。色々ご意見があると思いますが、僕のやりたい話はこの脚本にありますので、読んで下さい」と提出したら、すぐ読んでくださったんですね。その夜の宴会で、武田の宣伝部の伴田雄治さんが、「今日持ってきてくれた原稿はよくわかります。私はこれでいいと思います」と言ってくれたんです。彼は新劇俳優の友田恭助（注二）の親戚で、脚本がよく読める方でした。ですから僕にとって、唯一のよりどころでした。

番組の方向性は、箱根会議でＴＢＳと武田側で確認が取れた。つまりひと山越えたわけであるが、橋本には乗り越えなくてはならないもうひと山があった。それは第一話をどうするか、という問題だった。同時にそれは、金城哲夫にとっても険しすぎる山となってしまったのである。

（注二）
一九二四（大正十三）年、劇作家、演出家、批評家の小山内薫が創設した築地小劇場に創立同人として参加。三七年、岸田國士、久保田万太郎等と文学座を創立。岸田國士の甥である岸田森は、この文学座出身である。

第二部

金城哲夫と上原正三

海王奇談と対馬丸

『怪奇大作戦』は、クランクインに向けて着々と準備が進んでいた。主役に関しては、一九六八（昭和四三）年六月八日の東京新聞に『チャレンジャー』の番組タイトルで〝ドラマ性が強いため岸田森、田村正和（いずれも予定）らスターの起用も考えられている〟と記されている。しかし橋本は『怪奇大作戦大全』のインタビューの際、〝田村正和の名前は、番宣のための打ち上げ花火で、キャスティングの構想には実際には入っていなかった〟と証言している（本文には未掲載）。結局、三沢は山田洋次の第二作目『下町の太陽』で、倍賞千恵子の相手役を務めた勝呂《すぐろ》誉《ほまれ》、野村には『若者たち』で知られる松山省二（現・政路）、そして牧には岸田森が起用された。的矢所長には、大ヒットテレビドラマ『事件記者』で〝麻薬のベーさん〟を演じ、お茶の間の人気者となっていた原保美《やすみ》（注一）。町田警部には『ウルトラマン』のムラマツキャップである小林昭二、さおりには少女モデルとして活躍していた小橋玲子、この六人がレギュラーであったが、初期話数には『ウルトラマン』のホシノ少年的な役どころで中島洋演ずる次郎君がいた。しかし番組的にそぐわないと判断されたのか、一〜三話、十一話のみの出演となった（注二）。

円谷プロがＴＢＳと制作するシリーズの第一話を、脚本金城哲夫、監督円谷一の黄金コンビが担当することは、スタッフの間で暗黙の了解事項であった。この頃金城は『マイティジャック』の仕事に忙殺されていたが、新番組にかける情熱も並々ならぬものがあったので

（注一）
『下町の太陽』脚本・山田洋次、不破三雄、熊谷勲、六三年四月十八日公開、松竹。
『若者たち』六六年二月七日〜三月七日、フジ。
『事件記者』五八年四月三日〜六六年三月二九日、ＮＨＫ。

（注二）
二六本全てに登場するのは、岸田、勝呂、原の三人のみである。

はないだろうか。第一話として金城が用意した「海王奇談」の箱書き（注三）が記された創作ノートには、以下のメモが残されている。

メモ
◎沈没船の恐怖（即物的）
　3年前に行方不明になった船にまつわる怪奇
◎泡の恐怖
◎テストカーの爆破事件　（推理もの……）
◎狂った都会人の幻覚の恐怖
　4215サンギン（沃《よう》化《か》銀《ぎん》）
○ヒコーキと海上から使用すれば、雲のかたまりが出来る
○無風

〝沈没船の恐怖〟は「海王奇談」に、〝テストカーの爆破事件〟は「人喰い蛾」に発想が活かされたのだろう。〝泡の恐怖〟は、やはり『美女と液体人間』的なものを考えていたのだろうか？　事実、上原メモには、四月二六日に同映画の試写が行われた旨の書き込みがある。そしてそれは、『怪奇大作戦』でも「光る通り魔」として結実する。
　そして金城は「海王奇談」という海洋ミステリーのプロットを仕上げ、橋本洋二に提出す

（注三）脚本を構成するための設計書のようなもので、プロットよりは精密に、実際の脚本のシーンナンバー通りに書き、シーンの目的、場合によっては台詞も書き込む。

る。プロットの現物は現在のところ未発見だが、箱書きによると以下のようなストーリーだった。

沈没した木下海運所属の白洋丸が、遺族の見守る中、十日ぶりに引き上げられた。と、水平線の上に、入道雲のように巨大な海鬼（注四）が湧き上がり、火炎をサルベージ船に吐いた。大爆発を起こすサルベージ船。

町田警部から捜査の依頼を受けたＳＲＩは、早速調査に乗り出し、現場には三沢、牧、野村のトリオが向かった。

この地方には海鬼にまつわる伝説が残されていた。興福寺には海鬼の絵が奉納されている。寺の住職は、海鬼の怒りが鎮まるまでは何もしてはいけない、と三沢達に語った。

深夜、三沢は海鬼に襲われる夢を見ていた。目を覚ました三沢の耳に、女のうめき声が聞こえてくる。そして旅館から逃げ出す謎の女。ＳＲＩの三人が女を捕らえてみると、彼女は白洋丸の遺族の一人だった。一人息子を事故で失い、精神に異常をきたしてしまったのだった。

翌日、学生二人が、漁師の止めるのも聞かず、ボートで白洋丸の沈没現場に向かう。アクアラングを付けて海底を探索しようというのだ。しかしボートは、沈没地点付近で突如爆発、炎上してしまった。その様子を一人の女が見ていた。三沢がソッと尾けると、女は白洋丸の船長の家に入っていった。するとも彼女は船長の娘なのか？

（注四）
箱書きには「ウミオニ」とルビがふってある。

その夜、件の女、大江京子が訪ねてきた。京子は、船長の娘として遺族に対する贖罪の気持ちがあった。京子に同情した人情家の三沢は、海底調査をしようとするが、牧は慎重を期すべきと諫める。彼は事件の背後に、科学的な知識を持った何者かの存在を確信していたのだ。そして海鬼の正体も、ある程度まで掴んでいる様子だった。

翌朝、単独で調査に出た三沢の目の前に海鬼が出現した。三沢の危機を察した牧は、野村と二手に分かれて敵のアジトを急襲する。海鬼の正体は、灯台と山小屋の二ポイントから、上空の雲に投影された映像だったのだ。

一方、海中に潜った三沢は、船長室で船長の死体を、船倉で金塊を発見する。と、いきなり二体の怪人が出現するが、三沢は携帯していたナイフで危機を脱し、浮上する。そして金塊のことを京子に話したが、意外なことに彼女はその事実を知っていた。そこへ何者かが躍り出て、二人を拉致してしまう。

翌日、自衛隊の潜水艦が白洋丸の沈没地点に向かうと、不思議なことに船は消えていた。薄暗い部屋で三沢は目を覚ます。目の前に大江船長の死体がある。ギョッとする三沢だったが、よく見るとそれは蝋人形だった。すると船室のあの死体は……？

実は船長も船員も生きていたのだ。彼等は極秘にサルベージされた白洋丸から、金塊をワゴン車に運んでいた。それを見た三沢は、指輪型の発信器を使って、ワゴン車のナンバーをモールス信号でＳＲＩに知らせる。そこへ三沢が海底で見た怪人が姿を現す。秘密を知りすぎた三沢を、白洋丸ともども、時限爆弾で粉微塵にするつもりなのだ。

間一髪！　駆けつけた牧が三沢の危機を救う。怪人の正体は、木下海運の西川と京子だった。

船長と船員達は、警察官との銃撃戦の末逮捕され、白洋丸は、時限爆弾の爆発で跡形もなく吹き飛んだのだった。


執筆当時、金城は佐々木守の「死神と話した男たち」を当然読んでいただろうし、番組の方向性についても、橋本から聞いていたはずである。しかし「海王奇談」は、金城らしいストレートな娯楽編で、橋本の目指す番組の方向性を汲み取ってはいなかった。「死神と話した男たち」は、実相寺昭雄の監督作と決定していただろうから、あるいは『ウルトラマン』のように、橋本の好む〝変化球〟は実相寺、佐々木コンビで、娯楽路線は自身と円谷一のコンビで番組を支えていこうと金城は考えていたのかも知れない。

プロットを一読した橋本は思った。「これではストーリーのパターンが『ウルトラマン』とあまり変わらない」と。橋本は新番組で金城の新しい面を引き出そうと考えていたのだ。このプロットでは駄目だ、もっとテーマを前面に出して欲しい、と。橋本は「海王奇談」にNGを出した。

自信満々で挑んだだけに、金城のショックはかなりのものがあっただろう。金城は「海王奇談」に欠けているテーマの部分を考えた。そこで浮かんだのが対馬丸である。対馬丸事件は、終戦のほぼ一年前、一九四四（昭和十九）年八月二二日に発生した。沖縄から本土に向かう学童疎開船対馬丸が、アメリカ海軍の潜水艦の攻撃を受け沈没、一四八四名の犠牲者を出した痛ましい事件だった。

橋本 打ち合わせの翌日でしたか、金城さんから電話がかかってきたんです。「対馬丸はどうですか?」と。僕はラジオ時代、ドキュメンタリーの企画として対馬丸のことを取り上げたことがあり、事件のことはよく知っていたんで大賛成したんです。

対馬丸に乗っていて亡くなった子供達の恨みで亡霊が出る…ということを利用したやつがいる、というふうに考えるのならいいんじゃないか、と僕は言ったんですね。彼は「わかりました」と話していましたけど、一週間ぐらい経って「やはりあれは書けない」となったんですね。

正直、「海王奇談」をベースに、対馬丸を絡めることは可能だったと思う。しかしついに金城は書き上げることが出来なかった。それはなぜか? 今となっては知ることができない。ただ、上原正三は興味深い考察を語ってくれた。

上原 それは金城が沖縄戦を体験していたからだと思うよ。僕は九州の方に疎開していたから、沖縄戦を知らない。だから戦争をテーマにしたものが書けたんだよ。しかも金城のお母さんのツル子さんは、アメリカ軍の機銃掃射で片足をなくしているだろう。

ツル子が機銃掃射を受け、片足を失ったのは四五年三月二六日、沖縄戦が始まったその日だった。しかし金城家を救ったのもアメリカ軍だったのである。祖父と哲夫、ツル子と哲夫の妹の栄子は、別々に逃げたが、アメリカ軍に保護され収容所で再会する。おそらく金城哲夫の中には、アメリカ、あるいは戦争に対するアンビバレントな思いがあったのかも知れない。

だが金城の思いはともかく、早く第一話を形にしないとクランクインの日にちは迫っている。橋本は焦った。無為に時間が過ぎていく中、金城が提出したアイディアは、人間を溶かす蛾が出現するというものだった。円谷一も「これでやれる」と言っていた、と金城は橋本に伝えた。監督の円谷一が同意しているし、何よりもう時間がない。橋本は不安を抱えながらも、そのアイディアに同意するしかなかった。

『怪奇大作戦』第一話としてクランクインする「人喰い蛾」の準備稿タイトルは、「蛾」である。これはＴＢＳで用意したガリ版の脚本なので、印刷日は不明だ。しかし表紙には〝恐怖人間シリーズ 怪奇大作戦〟と書かれていることから、六八年六月二六日以降にＴＢＳ側が印刷したことだけはわかる。第一部の最後に記したように、渡辺メモには、その日の十六時からタイトル会議があったことが記録されており、同日の上原メモにも〝ＴＢＳ、新題名怪奇大作戦に決定〟と記されているからだ。

「海王奇談」は失敗したが、今度こそは、という思いが金城にはあったと推測する。創作ノートには「蛾」の構想がかなり細かく書かれているからだ。完成版とは差違があるので以下、完全採録する。

○蛾
　昆虫類の鱗翅類《りんしるい》＝蝶と蛾
　世界に20万種
　日本で3500種が記録されている。実際には6000種が生息しているといわれる。
　夜行性、からだやはねは鱗粉でおおわれている

○自動車業界の新車設計にまつわる陰謀ドラマ（自由化問題）
○蛾に特殊な鱗粉をつけて殺人をおかす（人体が泡状に容解（原文ママ）する恐るべき粉）

マルス自動車工業
●営業部長　近藤（48才）町田のクラスメート
◉主任設計技師　鈴木（42才）家族が犠牲になる。
◉同、技師　西條（35才）蝶のコレクターでもある。
犯人に間違われる。

デザイン課
●同、技師　倉田（29才）最初の犠牲者。
◉〃　技師　新田（25才）犯人の1人
◉倉田の妻　美也子（22才）新婚六ヶ月目の新妻。

激しい気性

◉牧　史郎（28才）　SRI　理論的
◉三沢京介（24才）　SRI　行動的
●野村　洋（21才）　SRI
　●的矢　忠（48才）　SRI所長
　●小川さおり（19才）　〃　秘書
　●町田警部（48才）　警部
　　●犯人……X（37才）｛外国資本に雇われた科学的頭脳を持った殺し屋
（外人）

外国資本の輸入業者××××社が、貿易の自由化で乗用車を大量に輸入するに際して、日本の大メーカーであるマルスに殴りこみをかけた。

「蛾」は、梶山季之《としゆき》（注五）の『黒の試走車《テストカー》』を思わせる産業スパイものである。金城とし

（注五）産業スパイ小説、経済小説が有名な作家。アズキ相場を舞台にした氏の原作をドラマ化した『赤いダイヤ』は、テレビ映画初期のヒット作である。六三年九月十六日～十二月九日放送。

ては、外国資本の暗躍の部分で、社会的なテーマを表現したかったのかも知れないが、結局はエンターテインメント性が立った、いつもの金城らしいタッチの作品となっている。したがって完成作の「人喰い蛾」は『怪奇大作戦』全体から見ると、少々浮いてしまっている。ただ、シリーズから切り離した作品として見るならば、人が溶けるビジュアル、蛾の恐怖、産業スパイとホラーを融合させた佳作と言える。

決定稿の印刷は七月十九日。渡辺メモによれば、『怪奇大作戦』のクランクインは、七月二四日である。『怪奇大作戦大全』での橋本の証言通り、〝放映に間に合わせるにはギリギリのタイミング〟だったのである。

問題勃発

『怪奇大作戦』は、企画書、第一話など、諸問題を抱えてのスタートとなった。文芸面の問題だけではない。TBSは円谷プロの制作体制にも疑問を投げかけてきたのである。円谷英二の日記には、TBS側からの提案が以下のように記されている。

6月4日火曜日 天候曇 夕方六時から昨夜TBSから提案された。(原文ママ)チャレンジャーのプロデューサー更てつを議題としてプロ会議をする。野口君(引用者注・円谷プロ側プロデューサー

――野口光一）には気の毒だが主任プロデューサ（原文ママ）を、守田君、野口君は、副プロデューサとして守田君に学んで貰うことにする。九時半帰宅。

句読点のせいで意味が取りづらいが、つまりは担当プロデューサーを野口光一から守田康司に交代するということである。当時、東宝から出向していた野口は経理担当であり、現場のことには疎かった。それをＴＢＳが危惧したのである。結局、番組は守田、野口が共同プロデューサーとしてクレジットされることとなった。

そして一週間後、今度は円谷プロにとって逆風と言える噂が流れてきた。円谷英二はこう記している。

――6月11日火曜日　天候快晴　守田君から気にかかる話を聞く。今度のチャレンジャーをワン・クールにしたいような話もあるとか　だんだん悲観したい材料がこの頃だんだんと盛り上がってくる、桑原《くわばら》桑原。

円谷プロの番組に関するＴＢＳ局内の噂は、『ウルトラマン』の頃もあった。それは番組が二クールで終了するというもので、結局は単なるデマだったようだが、今回の噂はどうだったのか？

橋本　（一クールで打ち切りという話は）あったんじゃないでしょうか。というのも「日曜夜七時で、なんであんなものをやるんだ」というのは局内でもずいぶん聞かされましたからね。「食事時間に首が飛ぶのが出てきたんだけど、それでいいの？」とかね。でも僕としては、子供がああいうものを観て、考えてみるようにしたらどうだ、という意味でやっているんだ、と。それには相手（罪を犯す者）の立場もキッチリ描かなきゃいけませんよ。その結果、相手に同情しても一向に構わないじゃないか。そういう気持ちでやっているんだ、と答えましたけどね。

でも結局、あまり視聴率は取れなかったし、一回だけ大阪（武田薬品）に呼ばれたこともありましたよ。僕が直接行ったわけじゃなくて、ＴＢＳの営業担当が本社に呼ばれて、製薬会社としてはああいうものはどうかと思っている、と彼の口を通じて報告がありました。

武田やＴＢＳ側から見れば、四作続いてきた〝ウルトラシリーズ〟から、方向性が大転換した番組が『怪奇大作戦』である。橋本の談話は放送開始後の反応にも言及しているが、番組の準備段階に関して言うと、まだ放送中だった『ウルトラセブン』の視聴率は下降し続けているし、『マイティジャック』は惨敗である。そうした不安が一クールで打ち切りという噂になったのかも知れない。

問題はさらに続く。以下、円谷英二の日記を抜粋する。

――８月12日月曜日　天候晴夜雨　午後一（引用者注・円谷一）がダビングしている。チャレンジャーの第一話を見て帰宅する。

8月17日土曜日 天候晴　九時出社、午後四時東現(引用者注・東京現像所)にゆく。「怪奇大作戦」の第一号、一の演出の検定、張切って出かけたが、失敗の落第作　いささか頭に来た。プロに帰って善後策にPM九時半に至る。

橋本　(「人喰い蛾」の検定で)東京現像所の試写室、英二さんは僕の横にいらしたんですよ。それで試写が終わったら、「一のやつ、何をやっているんだ」と。一つには、人喰い蛾に襲われて人間が溶けていくでしょう。そこが気に入らなかったようです。今残っているバージョンは、手直ししたもので、人間の顔から泡がブクブク出てきて溶けていくんですが、最初のは違ったんです。網の目みたいなものがユラユラ動いているだけでした。

僕も面白くなかったんですが、これはこれで持ち帰ります、と言って、映画部長に見せたんですね。彼も「これはひどいね」となったので、このままでは放送できなかったんですね。第一話にと予定していたものでしたが、大変なことになってしまいました。

英二は、顔が溶ける特撮の他、操演で表現された作り物の蛾が、裸電球にカツン、カツンと当たるカットにもクレームを出したようだ。「蛾の動きがぎこちない」と。『怪奇大作戦』は、怪獣ものとは違い、特撮がドラマに溶け込まなければならない。したがって、これまで以上に細心の注意を払って、リアリズムを追求しなければならない。英二はそれを言いたかったのだろうし、問題の原因も掴んでいた。

8月21日水曜日　天候晴　一の最初の次回番組の第一回作「怪奇大作戦」「人喰い蛾」の不良カットのリテークで大童《おおわら》わの一日だった。それにしてもトリック映画をTBSの監督達にあずけっぱなしのようなスタッフ構成を承認したプロ側の諸公には大憤懣だった。が今更ら止む得ないが（原文ママ）過ぎたる事は別として、TBSにトリック映画の製作をまかせたような仕事のやりかたにはプロの要員として誠にけしからん話である。

8月22日木曜日　天候晴　午前中は特撮（引用者注・東宝撮影所）にいて、午後はプロに。末安君守田野口をまじえて、大いに文句を言って置く。

〝トリック映画をTBSの監督達にあずけっぱなしのようなスタッフ構成〟というのは、『怪奇大作戦』が、それまでのように本編班、特撮班を分けて撮影する二班体制ではなく、両者を兼任する一班体制で撮影されていたことを指す。つまり『怪奇大作戦』は従来のミニチュア主体の特撮ではなく、光学撮影がメインとなる構想であった。したがって、わざわざ二班体制を敷くまでもないのである。それに一班分の人件費が節約されるわけだから、予算管理の面でも多いに助かる。しかし「人喰い蛾」の場合、一班体制の弱点が出た形であった。ま

してや自分の長男の作品であったわけだから、英二の怒りも激しかっただろう。
また、ドラマにも問題があった。全体的に緩い作りでサスペンスが足りない。特撮のリテークだけではなく、部分的にはドラマ部分の再撮影が必要だった。
当時、助監督として円谷プロに出入りしていた田口成光は、リテーク問題に関して以下のように証言した。

田口 僕は本編スタッフではなく、別班でした。いわば遊軍かな？ 円谷英二さんが試写を観て「人喰い蛾」にNGを出したんですね。そこで部分的に撮り直す必要が出て、僕に助監督が振られたんです。カメラマンが（鈴木）清さんで、あとは照明さんと僕、その三人ぐらいで撮り直しをやったんですよ。
猫が虫かごの中の毒蛾にちょっかいを出して蓋が開き、驚いて逃げた猫が鱗粉を浴びて溶けちゃうんですが、猫がなかなか思い通りに動いてくれなくてね。猫をだますのに一苦労しました。またナイトロケで蛾の飛ぶシーンなんかもやりましたよ。あの時は東宝から操演の中代《なかしろ》（文雄）さん（注一）が応援に来てくれました。八王子インターで陸橋の上から、飛んでいる蛾の向こうからやって来る自動車を狙って、中代さんが操演で作り物の蛾を吊ってヒラヒラとね。名人芸でした。

田口の記憶、〝八王子インター〟での撮影というのは、冒頭の西条殺害シーンのことだろう。

（注一）円谷英二の懐刀と言われた操演技師。操演技師として、映画にクレジットされた最初の人物。

リテーク前のバージョンでは、路上に放置されたバンを、不審に思った西条が調べに行くと、そこにチラス菌を植え付けられた蛾が飛来する、という流れだった。リテーク後のバージョンでは、陸橋の上からチラス蛾を放つ目出し帽の男のカットが挿入され、計画的な殺人であったことが示される。また、黒バックで飛ぶチラス蛾のカットもインサートされるが、羽根の動きは明らかにそれまでのものより自然である。

ドラマ部分の追加撮影もあった。完成作品では、マルス自動車の設計技師倉本の殺害を、宇野が殺し屋に指示するシーンがある。だが殺し屋は、あんな恐ろしい殺しはもう嫌だと命令を拒否する。宇野はライターに仕込んだチラス菌で、殺し屋を殺害する。産業スパイものであることを強調するシーンだが、実は準備稿にも決定稿にも書かれていない。このシーンと、人が溶けた後の頭蓋骨のアップを撮った記憶は田口にはないという。

ただ、英二の日記を読むと、リテークは二度にわたって行われている。

8月28日水曜日 天候曇、雨　出社九時半、満田組が部屋を占領打合せ中なので（注二）特撮にゆく。中野と鈴木（引用者注・中野稔と鈴木清）が迎えに来たので、本多君と打合せ中だったが美センに行き、「人喰蛾」（原文ママ）の特撮のリテーク撮影のテストに立合って夕方になる。夜は中代君（引用者注・中代文雄）が来てくれたので、夕方七時から赤坂の司料亭に催される今回の合作映画（注三）。プロデューサーとシナリオライターとの夕食会に駆けつける。夕方十時頃帰宅した。一と、粲《あきら》（引用者注・円谷粲、英二の三男。当時助監督）は、トリックシーンの撮影で徹

（注二）満田は『ウルトラセブン』最終回「史上最大の侵略」前後編（脚本・金城哲夫、特殊技術・高野宏一）を撮影中だった。

（注三）『緯度0大作戦』のこと。脚本・関沢新一、テッド・シャードマン、監督・本多猪四郎、特技監督・円谷英二、一九六九年七月二六日公開。円谷英二最後のメカ特撮映画。

――夜になりそうだ

つまり田口が参加したのは八月二八日の撮影で、殺し屋殺害シーンと人が溶けるアップなどは、その一週間前、二一日に行われたのであろう。オールラッシュは、英二の日記によれば九月三日、仕上げと検定の日時は不明である。

このリテークの影響で、「人喰い蛾」は九月十五日の放送に間に合わない可能性が出てきたと関係者は言う。そこで急遽、第一話として浮上したのは飯島敏宏が撮影を進めていた「壁ぬけ男」だった。だがその飯島組にも問題が発生してしまうのである。

監督降板!?

一本持ちだった円谷一監督作品に続き、制作NO．二、三を担当したのは、天性のエンターテインメント作家飯島敏宏だった。今回は二本持ちで、一本は上原正三脚本の「壁ぬけ男」、同時撮影は金城哲夫、上原共同脚本の「白い顔」だった。この二本の打ち合わせから脚本執筆までの段取りは、上原メモでたどることが可能だ。

――7月11日（木）怪奇大作戦、飯島組。打合せ、

7月12日（金）飯島組、打合せ、夕食

7月13日（土）橋本氏と、桔梗屋、市川君も一緒。

7月15日（月）TBS、飯島組、打合せ。オーディション。

7月16日（火）執筆、飯島組、AM、8．30～9．00．はなぶさ、セブン、48、49打合せ10時、帰宅。

7月23日（火）TBSに呼ばれる。飯島打合せ。箱。藤川家で1時過ぎまで

7月25日（木）自宅で書く。8時半にTBS、飯島、橋本、守田、打合せ。好評。11．50帰宅。

7月26日（金）出社、「壁ぬけ男」直して印刷入れ。

従来、脚本の打ち合わせは円谷プロで行われていたが、橋本洋二がプロデューサーになっ

てからは、TBSで行うようになったという。また、橋本は他にもプロデュース作品を抱えていたため、打ち合わせはほぼ夜だったといわれるが、上原のメモはそれを裏付けるものだ。

「壁ぬけ男」に登場するキングアラジンは、財宝を盗んだ後、SRIや町田警部の目の前で壁にめり込んで姿を消してしまうという奇っ怪な怪盗である。その正体は、十年前に水中からの箱抜けに失敗した奇術師一鉄斉春光で、再び世間に注目されたいという妄執にとらわれ、怪盗キングアラジンと名乗り財宝の盗難を繰り返すのである。脚本に関しては、飯島のアイディアがかなり入っているという。

飯島　今度の番組は〝怪奇〟路線だと聞いたとき、僕に浮かんだイメージは、怪人二十面相とか、赤マントとか（注一）、子供の頃見た、浅草の見世物小屋のイメージなんですよ。

キングアラジンが逃げるときに、身体をエビ反りにしてクルクル回って逃げるでしょう。あれなんかは僕が小学生の頃、サーカス団に入っていた、けっこう有名な姉妹がいたんですよ。本当かウソかわからないけど、酢を飲んで身体を柔らかくしているとか言ってね。撮影の時は、曲芸団の女の子を呼んでコロコロ転がってもらったんです。

上原　これは飯島監督らしいエンターテインメントな作品だったね。過去の栄光が忘れられない怪盗の物語。監督は千束北男というペンネームで脚本も書いているくらいだから大変なアイディアマン。だから「壁ぬけ男」は、大分、飯島監督に助けられています。壁を抜ける特撮も

（注一）
赤いマントの怪人物が、子供を誘拐し、殺すという都会のフォークロア。昭和初期に流行ったという。

上手くいった。ああいうドラマに溶け込んだ特撮が、円谷英二さんが『怪奇大作戦』で目指したものだったんです。

壁ぬけのシーンは、糊を溶かしたプールにおがくずを混ぜて撮影している。撮影は徹夜になったが、キングアラジンを演じた田口計は、嫌な顔一つせず、プールに身を沈めていたという。こうして完成した「壁ぬけ男」は、シリアスな展開の中にも笑いがあり、ラストには表舞台から消えていった男の悲哀があった。

佐々木守の「死神と話した男たち」は、小笠原返還というタイムリーな話題から発想したドラマである。太平洋戦争で米軍に占領された小笠原諸島は、この年、一九六八（昭和四三）年六月二六日、日本に返還された（すなわち「死神と話した男たち」脱稿後である）。一方「壁ぬけ男」は、今で言うなら昭和レトロ、怪人二十面相にしろ赤マントにしろ、都会のフォークロアとでも言うべきファンタジーである。つまり「死神と話した男たち」のテーマとはかなり隔たりがある。だが橋本は本作を評価している。

橋本　佐々木君の「死神と話した男たち」に一番近いのが「壁ぬけ男」だったんですよ。犯人の哀れさというか、ある種の情が出ているでしょう。ですから「壁ぬけ男」を第一話に持ってきたんです。

飯島　『怪奇大作戦』に関しては、ＴＢＳも円谷プロも自信を持っていました。特撮陣も怪獣とかミニチュアじゃなくてね、今度こそ大人の話を、自分達の好きなジャンルのものを撮れると、非常に自信を持っていました。一本一本遊べるというのかな、『怪奇大作戦』という縛りだけを守ってさえいれば、何をしてもいいというね。みんな伸び伸びしていましたよ。それは犯罪性とか科学性、これこそ空想科学だぜ、という入り方だったから楽しかったですよ。ただ、娯楽というのは人それぞれの考え方があって、橋本さんの考える娯楽と、僕のとは違う。その意味で、「壁ぬけ男」は路線外なんですよ。僕としては路線内だと思っていたんですが、シリーズ全体から見れば、やはり路線外なんですね、意外に。

「壁ぬけ男」準備稿の印刷は七月二七日、第一決定稿は八月三日だが、最終決定稿は八月二一日と間がかなり空いている。その間に上原は「壁ぬけ男」について飯島と改稿の打ち合わせをし、その後、金城哲夫との共作「白い顔」に取りかかっている。

「白い顔」は愛する娘のため、彼女に近づく男をレーザー光線で殺していく父親の妄執を描く物語である。しかしその成立の背景には、金城の挫折を象徴するような出来事があった。以下、上原メモより引用する。

7月31日（水）「壁ぬけ男」監督決定稿作り。サロン。

8月1日（木）決定稿書き。夕方渡す。飯島監督に。「恐怖の超猿人」（注二）検定。

8月2日（金）「壁ぬけ男」印刷出し。予定。

8月3日（土）MJ、見る。怪奇、印刷上がる。

8月8日（木）夏休日　豊鉄10時チェックアウト。12時まで泳ぎ、2時19分豊橋発、こだま、金城君よりTEL「壁ぬけ」のびる
8月9日（金）AM8時出社、飯島組新作について検討。ホテルニューオータニにこもる。金城君と箱作り。

8月10日（土）12時、オータニ出てTBS赤坂寮。7時仕上がる。

8月11日（日）PM4．30出社。決定稿作り。PM11．30、決定稿出し。ファニー、AM1．30帰宅。


これによると「白い顔」は、一晩で準備稿を書き上げ、翌日には決定稿という即製の作品

（注二）『ウルトラセブン』第四四話、脚本・上原正三、市川森一、監督・鈴木俊継、特殊技術・大木淳。

であったのだ。それにしても二本持ちは当初から予定に入っていたはずである。つまり飯島組は、一本が金城脚本で、もう一本は上原脚本で行く、というのが当初のプランだったのだろう。それは上原メモを分析すればわかる。上原は八月六日から八日まで、夏休みを取って愛知方面に旅行に出ている。八月八日の〝金城君よりTEL〟とは、自宅に帰ってきたところ、金城より電話があったということだろう。〝「壁ぬけ」のびる〟は意味深だ。これは翌日の〝AM8時出社、飯島組新作について検討〟と合わせて考えれば、この書き込みの裏にある事実が見えてくる。つまり八日の電話は、金城からのヘルプ要請だったのだ。

午前八時に出社して、その日のうちにホテルニューオータニに籠もり、金城と箱書きを作るというメモも、ことの緊急性を感じさせる。円谷プロ作品の場合、脚本執筆のため宿泊先に籠もる場合は、会社の所在地であった祖師ヶ谷大蔵のはなぶさが定番であった。しかし今回はTBS近くのニューオータニ、しかも一晩では出来上がらなかったと見え、チェックアウト後は、赤坂にあったTBSの社員寮で残りを仕上げている。

「白い顔」の登場人物、水上幸一郎博士は十年前、事故で顔に大火傷を負って以来、娘の順子にも素顔を見せたことがない。博士は娘を溺愛するあまり、白い顔の仮面を被り、彼女に近づく男をレーザー光線で殺害していく。金城が最も不得手とする、妄執に縛られた男の物語だ。『ウルトラQ』第八話「甘い蜜の恐怖」で、同僚の成功を嫉んで彼の失脚を企んだ伊丹、『ウルトラマン』第十話「謎の恐竜基地」で、恐竜を愛するあまり、モンスター博士の異名を取る中村博士を殺し、彼になりすました二階堂教授（注三）。いずれも闇に落ちてし

（注三）
「甘い蜜の恐怖」監督・梶田興治、特技監督・川上景司。
「謎の恐竜基地」監督・満田稀、特殊技術・高野宏一。

まった人物の掘り下げが浅く、金城脚本としては不本意な出来だった。金城は今回も、その二つのエピソードの轍を踏んでしまっている。

トリックと犯行シーンのビジュアルにも問題がある。水上博士は、殺人の凶器としてレーザー銃を使うが、これは『恐怖人間』の際執筆された「恐怖のチャンネルNo．5」で使用されていたものだ。エピソード冒頭、順子にしつこく迫った会社の同僚岡田は、煙草を吸おうとした刹那、点火したライターが爆発し、全身に火が燃え移って死亡するが、これは「死神と話した男たち」のビジュアルと同様である。

残念ながら「白い顔」は、ストーリー的にも、トリック的にも、ビジュアル的にも語るべきものがないとしか言いようがない。金城は明らかに煮つまっている。後輩の上原とともにホテルに籠もり、やっつけ仕事的に脚本を仕上げてしまうなどという事態は、全盛時代の金城ならあり得ない出来事だっただろう。

上原　この頃の金城は、スランプというのかな、書けなくなってきたんだね。番組が体質に合わないというのもあったけれども、『マイティジャック』での諸問題、その後遺症が金城を苦しめていたんだよ。それでクランクインの直前に飯島監督から、「ここは上原ちゃんの出番だね」と言われて書いたんですが、基本的には金城の作品ですよ。僕はまだ助手の立場だったし、お手伝いみたいな感じだったのかも知れないけど、彼のプライドは傷ついたと思うよ。

円谷英二も「白い顔」の出来には不満を述べている。以下、日記を抜粋する。

9月27日金曜日　天候曇、雨　十時半から「怪奇大作戦」「白い顔」の検定にゆく。飯島君監督作品である。一夜づけに作ったシナリオであるから映画の出来も安手風。

飯島組の二本持ちは、八月五日からロケハンが開始されている（注四）。クランクインは十三日、世田谷区野沢の本多忠次邸でのロケだった（注五）。「白い顔」で、箱根にあるという設定の博士の別荘、その応接間の撮影である。つまり「白い顔」は、八月九日から一晩で準備稿を仕上げ、十一日には決定稿が執筆され、印刷が上がった十二日の翌日がクランクインという異常なスケジューリングなのである。飯島は内容に関し、ろくに準備もできないまま撮影に入らなければならなかったのだ。

そして迎えたクランクイン当日、それまでの円谷プロ作品では考えられなかった問題が勃発する。カメラマンだった福沢康道が、照明助手の一人ともめてしまったのだ。『怪奇大作戦』は、プロデューサーの守田康司が歌舞伎座テレビ室出身だった関係上、同社に出入りしていたスタッフが集められた。守田は完成度よりも能率を重んじるタイプのプロデューサーであった（これは善し悪しではないが）。守田の集めたスタッフは、能率重視で手際よく撮る、いわゆる〝昼帯〟のメンバーだったようだ。つまり円谷プロのスタイルに慣れておらず、違和感を覚えていた。結果、現場の雰囲気は良好とは言えない状態になっていく。

（注四）飯島敏宏のメモによる。

（注五）現在は愛知県岡崎市に移築されている。

飯島　撮影にもの凄く時間がかかっていたから、彼等はブーブー不満を言っていたんですね。後で聞いたら「円谷プロに行くと、早撮りの監督がついて、一ヶ月に五本は上がる」と言われていたらしいんですよ。ところがこっちは特撮がらみもあるでしょう。本多邸では順撮り（注六）をしていたんですよ。午前中の段階で、スタッフはやる気をなくしていたんですね。そんな雰囲気の中で、若い照明のスタッフが、女優さんとベチャクチャ喋っていてね、「テスト！」の声がかかってもやめない。それを見て福沢さんが、「これは中止！」と叫んで昼飯に入った。福沢さんにしてみれば、こんな信頼関係のない仕事はできないということでした。もちろんそのスタッフをたしなめましたが、もう撮影できる状態じゃなかったんです。福沢さんは帰ってしまうし、僕もこの人達とは仕事はできない、と思ったんで家に帰ってしまったんです。何日かはそのまま休んでいたと思いますよ。

福沢康道は、黒澤組で撮影助手を務め、同監督の『どですかでん』や、成瀬巳喜男《みきお》監督の『女の中にいる他人』を手がけたカメラマンだ（注七）。円谷プロ作品には、『ウルトラマン』の実相寺組、第二二話「地上破壊工作」、第二三話「故郷は地球」から参加している。飯島とは第二四話「海底科学基地」、第二五話「怪彗星ツイフォン」でコンビを組んだ（注八）。

この騒動で福沢は番組を降板し、後任には撮影助手の稲垣涌三《ようぞう》が立った。巨匠稲垣浩を父親に持つ氏は、『マイティジャック』の特撮でカメラマンに昇進した。「白い顔」は福沢康道

（注六）シーンを、脚本の流れ通りに撮影すること。

（注七）『どですかでん』脚本・黒澤明、小国英雄、橋本忍、七〇年十月三一日公開。『女の中にいる他人』脚本・井手俊郎、六六年一月二五日公開。

（注八）「地上破壊工作」脚本・実相寺昭雄（クレジット上は佐々木守）、特殊技術・高野宏一。「故郷は地球」脚本・佐々木守、特殊技術・高野宏一。「海底科学基地」脚本・藤川桂介、特殊技術・高野宏一。「怪彗星ツイフォン」脚本・若槻文三、特殊技術・高野宏一。

がクレジットされているが、実際に撮影したのは稲垣である。

橋本 スタッフから「飯島ちゃんが怒ってやめた」と聞いたんで、こりゃあ大変だ、と慌てて彼の家に行きました。こっちは「人喰い蛾」の件もありましたからね。出来れば「壁ぬけ男」を第一話にして欲しい、と伝えに行ったんですね。

飯島 結局、八月十八日にスタッフを入れ換えて、十九日に円谷英二さんに呼び出されて打ち合わせ、それで再開した二〇日は特撮で、自動車やボートの炎上シーンを撮っています。

「人喰い蛾」問題が持ち上がるのは十七日だから、橋本の証言とは若干ズレがあるが、撮影再開後に自宅を訪ねたとも考えられる。このスタッフ問題は、実相寺組でも再燃していたようだ。以下、円谷英二の日記を抜粋する。

8月27日火曜日 天候雨 午後はプロで――。またまた、TBS側から実相寺の映画に高野をつき合せたが変更して欲しいといってくるがこちらの実情も説明して、高野でやることを、TBS側に返答させて置く。

9月3日火曜日 天候曇 またひとつ実相寺組についてのスタッフ問題が起きている。結局はプロデューサーの態度の問題に帰すようなものではないか、プロの精神をはっきり認識しておれば解決のつくことではないかと思う。プロの内部にもたつく、あいまいなものが総ての点に顔をのぞかせている

八月二七日の日記からは当初、実相寺組の特殊技術には高野宏一がついていたことがわかる。おそらく高野降板を望んだのは実相寺だろう。結局、特殊技術はこの頃『戦え！マイティジャック』を担当していた大木淳に変更された。〝こちらの実情〟というのは、大木を『怪奇大作戦』に回すと、『戦え！マイティジャック』のローテーションが狂うということだろう。

一方、九月三日のそれは、やはり守田が呼び寄せたスタッフの問題だろう。実相寺組は、飯島組以上にフィルムの使用量が多い。つまりそれだけ粘って撮っているだけに、一部のスタッフから不満が上がったのではないだろうか。これは明らかにスタッフの人選ミスだが、守田の方にもやむを得ない事情があったようだ。

守田『怪奇大作戦』をやるに当たって、スタッフを東宝から回すって言うから「回して頂戴」って言ったんですよ。でも事実上、誰も引っ張ってこないんですよね。それだったらと言うことで、その時ちょうど、歌舞伎座が1班空いたって言うんで、1班回してもらったんですよ。(『怪奇大作戦大全』守田康司インタビューより)

いずれにしろ『怪奇大作戦』は、クランクイン作、第二作と連続して問題が勃発するという波乱のスタートを切ったのである。

『怪奇大作戦』の顔

制作NO.四、五のCブロックは佐々木守脚本、実相寺昭雄監督の「恐怖の電話」と「死神の子守唄」だ。「恐怖の電話」は、前記の通り「死神と話した男たち」の改題で、決定稿の日付は八月十四日である。『怪奇大作戦大全』のインタビューで、佐々木は「恐怖の電話」について次のように語っている。

佐々木　「恐怖の電話」なんかね、M資金ってあったじゃないですか（注一）。南太平洋か満州とかで集めた資金がね、小笠原にあるというのがテーマなんですよ。小笠原返還という問題、つまり沖縄・小笠原という問題が底流にあって、それに兵隊達は南太平洋で現地の人を殺して金を奪っている。そういう反戦みたいなものを隠して入れてたからさ。

佐々木は映画雑誌の編集を手がけた経験もある、ジャーナリスティックな感覚の持ち主だ。戦後ことあるごとに噂となるM資金と、当時タイムリーな話題であった小笠原返還（注二）を

（注一）
敗戦後の日本で占領政策を実施した連合国軍最高司令官総司令部（GHQ）が押収した財産、隠匿物などを資金源として運用されていると噂される秘密資金。詐欺の手口としてたびたび登場し、二〇一三年には、剛力彩芽等がM資金詐欺に絡むギャラ未払いのトラブルに見舞われたと報道された。

（注二）
前章で記したように、六八年六月二六日、アメリカ合衆国より日本に返還された。

結びつける辺りに、佐々木の真骨頂がある。
ドラマは最初の被害者滝口の娘、令子（桜井浩子）の奇妙な行動と、事件の原因を必死に捜査する牧の姿がカットバックで描かれる。とりわけ素晴らしいのは後者だ。エピソードタイトル後、滝口家の居間で現場検証を行う場面は、手持ちカメラでワンシーンワンカットで描かれ、視聴者の度肝を抜く。

実相寺　最初の事件の部屋はセットだよ。火を使うから。池ちゃん（池谷仙克デザイナー）が頑張ったからねえ。でも撮影はかかったなあ。あれ、手持ちでワンカットで撮っているだろう。初めは48カットに割っていたんだよ。でも時間がなくなってきたからワンカットにしたんだけど。結局割ったのと時間は大して変わらなかったかなあ。
稲垣（引用者注・稲垣涌三）　そんなことはないですよ。本番一発ＯＫですよ、あれは。カチンコ落としたのが画に入らなかったかということだけで。
実相寺　徹夜明けの助監督が落としたんだよな。あれはオールアフレコだからものさえ画面に入っていなきゃＯＫ出せるんだよ。でも撮影は押してた。タイトル前の電話機への移動カットなんかテイク23ぐらいやった覚えがあるから。（『怪奇大作戦大全』実相寺昭雄インタビューより）

本エピソードにおける牧の性格は、他に比べると非常に冷徹な人物として描かれている。

現在だったら他のエピソードと差違のありすぎるキャラクター設定だった場合、修正が入るのが通常だが、それをしない辺り、いかにも当時のテレビという感じだ。もっとも実相寺の演出、稲垣の攻めのカメラワークは、「恐怖の電話」の世界観にマッチしている。ゼロ号試写の時、実相寺は稲垣に向かって「これ百二十点だ」と言ったそうだ（注三）。実相寺にとっては、それだけ満足のいく画が撮れたということだろう。

ところで橋本は「恐怖の電話」を第一話にと考えていた可能性がある。橋本はこのことに言及していないが、『怪奇大作戦大全』で、実相寺は以下のように証言している。

実相寺　初め「お前第1話やれ」って橋本（洋二）さんから言われて分厚い台本（「死神と話した男たち」）見せられてね。でも俺、嫌で逃げていたの。俺、1話目は駄目なの。『シルバー仮面』（注四）見ればわかるじゃない。やっぱり円谷はさ、金城（哲夫）さんと（円谷）一さんが1話でさ、飯島さんもいるし、俺は適当なところでサーッと出ればいいやと思っていたから。

「恐怖の電話」を第一話に、という話は、他のスタッフも聞いたことがあると証言している。そして『チャレンジャー』版「死神と話した男たち」には、以下のナレーションが用意されている。

（注三）
そもそもは黒澤明のデビュー作『姿三四郎』（原作・富田常雄、脚本・黒澤明、四三年三月二五日公開）の検閲の際（当時は戦時下であり、映画は内務省の検閲を受けなければならなかった）、担当官が、英米的な表現があるということで難色を示したが、審査に立ち合った小津安二郎が「百点どころか百二十点だ」と言って合格したことが元ネタ。

（注四）
七一年十一月二八日〜七二年五月二二日。プロデューサー橋本洋二の強いこだわりで、実相寺昭雄は第一話「ふるさとは地球」、第二話「地球人は宇宙の敵」を監督。脚本はともに佐々木守。しかし第一話の視聴率は十四・六％と低迷。翌週、裏で円谷プロ制作の『ミラーマン』が始まると六・二％と急落。結局、実相寺の監督作品は、

ナレーション　ＳＲＩとは科学捜査班研究所のことである。所長的矢忠の私費でつくられたこの研究所は、警察の援助をうけていわゆる怪事件、怪現象の調査を専門にする特別捜査機関である。ＳＲＩには、的矢所長の他、三人の所員が働いている。

橋本が佐々木に依頼したのは、パイロットとなる脚本だった。それゆえ佐々木は、企画書の文言から、ナレーションを書き込んだのは明らかだ。これがすなわち第一話とする決定的な証拠ではない。だが今回、上原メモに興味深い記述を見つけた。

―　9月9日（月）~~佐々木、怪奇、第一話。予定。~~

英二の日記によれば九月九日は「壁ぬけ男」の検定の日である。これらの事実は、橋本が、ギリギリまで第一話をどうするか逡巡していたことを示すのではないだろうか？　上原メモによれば、実相寺組のオールラッシュは翌九月十日。理由は不明だが、「恐怖の電話」を第一話に、という線が消えたのはこの日かも知れない。

「死神の子守唄」は、広島で胎内被爆し、白血病にかかってしまった妹を救うため、白血球と赤血球を入れ換える作用をもたらすというスペクトルG線の人体実験を始めてしまった

この二本のみで終わった。

男の妄執を描く作品だ。スペクトルG線を浴びた人間は、一瞬のうちに凍りついて死んでしまう。兄は、歌手である妹の高木京子のヒット曲「死神の子守唄」の歌詞に合わせて殺人を繰り返す。佐々木は、そのアイディアをアガサ・クリスティの『そして誰もいなくなった』から発想したという。その長編推理小説の中では、マザー・グースの「十人のインディアン」の詩になぞらえ、連続殺人が繰り広げられる。

本エピソードは、胎内被爆を扱ったゆえ、「恐怖の電話」では事件の背後に見え隠れするだけだった社会的テーマが前面に出ている。

佐々木　原爆を取り上げたのはね、あの時代といったらね、悪にするものがなかったんですよ。原爆みたいなものは、言っただけで万人が納得できる悪でしょう。やっぱり『怪奇大作戦』になってくると、社会的なことを悪なら悪として捉えていくしかない。「恐怖の電話」の日本兵のようにね。（中略）シナリオに〈国家権力が京子を殺すなら、権力を持たぬ俺は死神になるだけだ〉という台詞があるんだけど、その辺が僕のテーマかな（笑）。
（『怪奇大作戦大全』佐々木守インタビューより）

そんな佐々木の脚本を得て、実相寺の演出は絶好調だ。撮影班が次のエピソードの準備で本作を離れた後も、少人数で撮影を続けたほど熱のこもった現場だった。

本エピソードは、ライトをバックに逃げ回る女性をシルエットで浮かび上がらせる幻想的なカットで幕を開ける。エピソードタイトルから一転、死体発見現場となった噴水のある公園での現場検証シーンは、曇天を活かした寒々とした雰囲気を、望遠レンズでとらえている。この対比は見事である。三沢と京子が森の中で語らうシーンは、画調の不具合でリテークした箇所もある。

実相寺　石神井公園での池でさ、シネキン（注五）当てて撮ったじゃない。でもタッチがきつすぎたんだよな。顔なんか浮き上がっちゃってさ。だから結局リテークでは当てなかったんだよな。（『怪奇大作戦大全』実相寺昭雄インタビューより）

（注五）撮影用バッテリーライトのこと。

クライマックスも石神井公園のロケで、犯人の吉野貞夫が、警官隊（脚本では機動隊）に取り囲まれ追いつめられるシーンは、ほとんど国家権力による個人への暴行だ。佐々木は、あのシーンのイメージは砂川《すながわ》闘争であると明言した。砂川闘争とは、在日米軍の立川飛行場拡張に反対する住民達の運動であった。一九五五（昭和三〇）年から六〇年代まで戦われたその運動に、佐々木も一市民として参加していた。

佐々木　僕は砂川でピケ張っていたから。あれは最後の日に土砂降りだったんですよね。そこでやっぱり決定的に闘ってさ、警察機動隊が全学連を排除しようとするわけじゃない。最後に対決したときは全員泥だらけで、機動隊がダーッと来る。（中略）ここで学生

達が『赤とんぼの歌』歌ったんだよ（笑）。それで歌が終わったとたんに「かかれー！」むちゃくちゃ（笑）。（中略）

とにかくね、ベルトの所に荒縄で縛るんですよ。ベルトだと切れますからね。荒縄を三重四重に巻いてね、前の奴の荒縄に腕入れて座り込んでいるわけだ。だから外れないよ。僕その頃髪が長かったせいもあるけど、機動隊、髪を引っぱるわけですよ。グーと、それで警棒で突く、股間を蹴上げるよね。それで両腕もたれて引き抜くんだけど、後ろの奴がなかなか離してくれないんだ（笑）。（『怪奇大作戦大全』佐々木守インタビューより）

佐々木の証言を聞く限り、「死神の子守唄」のテーマは原爆ではなく、国家権力に対する闘争といった印象が強い。「国家権力が京子を殺すなら、権力を持たぬ俺は死神になるだけだ」は、それを証明する台詞ではないだろうか。実相寺は、その佐々木の本音を汲み取り、あの凄まじいまでのクライマックスを描出したのかも知れない（何せ警官隊は、催涙弾まで発射しまくるのだ）。決定稿で吉野の逮捕シーンは、以下のト書きがあるのみである。

警官隊、迫る。貞夫にげる。はげしい斗いになる。あばれる貞夫、おしつけられ、ふみにじられて逮捕される。京子、正視できない。

「恐怖の電話」と「死神の子守唄」は、映像作家としての実相寺がその実力を存分に発揮した名作である。実相寺は後年、「怪奇大作戦こそ、私の花の時じゃなかったか」と記すが、この二本のエピソードで、氏は間違いなく番組の顔となったのである。
しかしそれまで実相寺作品を支持してきた英二は「死神の子守唄」に対し、意外に冷淡であった。以下、日記を抜粋する。

10月11日金曜日 天候晴 二時半、東現に「怪奇大作戦」の（実相寺）「死の子守唄」（原文ママ）の検定試写、例によって一寸むずかし過ぎるし、意味がよく、理解し難い。面白くないという評あり 私も正にその通り。ネガ編のミス個所などもあって、焼き直しとなる。

このことから英二が『怪奇大作戦』に求めたものは、社会的テーマを前面に出した問題作ではなく、あくまで子供枠の娯楽作品ではなかったのかということが、筆者には透けて見えてくる。

妖怪ブーム興る

『怪奇大作戦』は、妖怪ブームを当て込んで制作された番組というよりは、妖怪ブームを先取りして企画され、制作された番組であることは第一部で述べた。ではその妖怪ブームとは何だったのか？

　事の起こりは怪獣ブームである。一九六六（昭和四一）年一月二日、『ウルトラQ』が放映されるやいなや、怪獣ブームが勃発した。東映では水木しげる原作の『悪魔くん』を制作。番組はヒットし、水木しげるは人気漫画家となる。そこで東映動画が目を付けたのが、同じ水木漫画の『墓場の鬼太郎』だった。しかし〝墓場〟という言葉にスポンサーが拒否反応を示し、アニメ化に漕ぎつけるのは六七年を待たなければならない。タイトルが『ゲゲゲの鬼太郎』に変更され、番組がブラウン管に登場したのは六八年の一月、いかにも東映といった勧善懲悪のストーリー展開、鬼太郎親子のみならず、子泣き爺、砂かけばばあや一反木綿といった妖怪達も子供達には親しみやすく、六五話まで制作されるヒット番組となったのである。

　『ゲゲゲの鬼太郎』効果、あるいは水木しげる効果は映画界にも波及し、大映は六八年三月二〇日に『妖怪百物語』（注一）を公開する。

大映は、六六年四月十七日に『大怪獣決闘 ガメラ対バルゴン』（大映東京製作）との二本立てで『大魔神』（大映京都製作）を公開（注二）。特撮作品の二本立てという、東宝では不可能なスタイルは話題を呼び、作品は大ヒットした。しかし予算のかかる二本立てはさほど会社を潤さなかったという。

　映画の斜陽は大映の経営を圧迫していき、作品の予算管理は厳しさを増していった。そこで浮上したのが妖怪ものだった。大映は、六七年七月、旧作の怪談映画『四谷怪談』と『怪

（注一）
脚本・吉田哲郎、監督・安田公義、特技監督・黒田義之。

（注二）
『大怪獣決闘 ガメラ対バルゴン』脚本・高橋二三、監督・田中重雄、特技監督・湯浅憲明。
『大魔神』脚本・吉田哲郎、監督・安田公義、特技監督・黒田義之。

（注三）
『四谷怪談』脚本・八尋不二、監督・三隅研次、五九年七月一日公開。
『怪談蚊喰鳥』脚本・国弘威雄、監督・森一生、六一年七月五日公開。

（注四）
『ガメラ対宇宙怪獣バイラス』脚本・高橋二三、監督／特技監督・湯浅憲明。
『大怪獣空中戦 ガメラ

談蚊喰鳥』を再映しヒットさせた実績があった（注三）。それがヒントになったのかも知れない。当時、一億円という巨費をかけていた『大魔神』シリーズよりも、予算的な負担が小さいと踏んだのだろう。それは東京撮影所も事情は変わらず、『妖怪百物語』の同時上映だった『ガメラ対宇宙怪獣バイラス』は、前作『大怪獣空中戦 ガメラ対ギャオス』の三分の一、一般映画クラスの予算に縮小されている（注四）。

ともあれ、当時ブームの渦中にあった水木しげるが描いた妖怪達を大量動員した『妖怪百物語』は評判を呼び、同年十二月十四日に『妖怪大戦争』（同時上映は、『蛇娘と白髪魔』）、六九年三月二一日に、シリーズ最終作となる『東海道お化け道中』（同時上映は、『ガメラ対大悪獣ギロン』）を公開している（注五）。

つまり妖怪ブームを掘り起こしてみれば、子供達にとっては水木しげるブームであった。それは当時、講談社の編集部員だった富井道宏も断言している。

いずれにしろ、水木しげる、そして『ゲゲゲの鬼太郎』が呼び水になり、〝妖怪〟〝怪奇〟ものの番組がブラウン管を賑わせた。虫プロダクションは、実写とアニメを合成した意欲作『バンパイヤ』を制作、六八年十月三日からフジテレビ系で放送された。翌日には、東映が水木しげる原作の『河童の三平 妖怪大作戦』をNET系で放送、アニメでは、第一動画が『妖怪人間べム』を制作、十月七日からフジテレビ系で放送が開始された。またこれに、ギャグアニメではあるが、東京ムービー、スタジオ・ゼロが制作し、TBS系で四月二一日から放送された『怪物くん』を加えることも可能だろう（注六）。

対ギャオス』脚本・高橋二三、監督／特技監督・湯浅憲明、六七年三月十五日公開。

（注五）
『妖怪大戦争』脚本・吉田哲郎、監督／特技監督・黒田義之。
『蛇娘と白髪魔』脚本・長谷川公之、監督・湯浅憲明。
『東海道お化け道中』脚本・吉田哲郎、浅井昭三郎、監督・安田公義、黒田義之。
『ガメラ対大悪獣ギロン』脚本・高橋二三、監督／特技監督・湯浅憲明。

（注六）
『バンパイヤ』六八年十月三日～六九年三月二九日。
『河童の三平 妖怪大作戦』六八年十月四日～六九年三月二八日。
『妖怪人間べム』六八年十月七日～六九年三月三一日。
『怪物くん』六八年四月二一日～六九年三月二三日。

当時、番組を制作する側、あるいは映画を製作する側にとって怪獣ブームに代わると見られた妖怪ブームは、救いの神だったに違いない。十月七日の英二の日記には、新番組に懸ける思いが記されている。

10月7日月曜日　天候雨　「怪奇大作戦」の企画に期待と自信が湧いてくる。小さなファンからの手紙とか毎日新聞の記事などから。具体的の例として、現れた小さな反響が次第にブームとして延ばしてゆけるような、希望があるからである。必らずヒットさして見せる。

日記にある毎日新聞の記事とは、十月五日のものだろう。見出しは〝「怪奇大作戦」の怪奇づくり〟とある。以下、抜粋する。

TBSテレビが怪獣ものの「ウルトラセブン」にかえて、九月中旬から放送をはじめた「怪奇大作戦」が少年たちの人気を呼んでいる。「ウルトラマン」や「ウルトラセブン」も特撮映画には違いないが、ぬいぐるみの怪獣とミニチュアの合成という単純なものだったのに対して、「怪奇大作戦」は〝光学特撮〟に工夫をこらした、いわば特撮映画の本格派だ。テレビの特殊撮影のあれこれをこの「怪奇大作戦」に拾ってみた。

「怪奇大作戦」は円谷特技プロダクションの制作。円谷英二監督は怪獣作りの名人のように思われているが、同監督の特撮映画は「ゴジラ」などの怪獣ものと、「連合艦隊司令長官山本五十六」や「ハワイ・マレー沖海戦」（注七）に代表されるミニチュアの海戦、空戦ものに加えて「美女と液体人間」や「ガス人間」といったミステリーものの三系統に分類される。（中略）

第一話の「人喰い蛾（が）」では、人間や動物を溶解してしまうという〝チラス菌〟をまきちらす蛾の集団が犯罪に利用されるが、蛾に襲われた人間の顔がみにくくずれ出し、やがて猛烈なアワをふいて溶解し白骨になってしまい視聴者をゾッとさせた。（中略）

今後も円谷アイデアにより「怪奇大作戦」には、りん光人間や凍結人間、さらには軟体人間といった怪奇人間のオンパレードが繰広げられる予定だ。

この記事では「人喰い蛾」が第一話、「壁ぬけ男」が第二話と紹介されている。省略した部分は両作品の特撮、人が溶けるシーン、壁ぬけのシーンについての解説などなのだが、かなり正確である。おそらくは記者向けの試写か何かで両作品（「人喰い蛾」は改訂後のバージョン）を見て、この記事を書いたのだろう。

記事が出た十月五日といえば、第三話「白い顔」までが放送済みだった。視聴率は、「壁ぬけ男」二四・八％、「人喰い蛾」二三・三％、「白い顔」二一・九％である。かろうじて二〇％を越えているものの、決して満足のいく数字ではない。しかし、円谷英二はこれからが勝負だと考えていたのだろう。『マイティジャック』が失敗に終わった今、円谷プロの将

（注七）脚本・山崎謙太、山本嘉次郎、監督・山本嘉次郎、四二年十二月三日公開。

来は、TBSとの番組制作にかかっているのだ。そのためには、ブームをさらに盛り上げる必要がある。十月七日の英二の日記には、そんな思いがにじみ出ている。

一方、文学の世界でも〝怪奇ブーム〟と呼ばれるムーブメントが起きていた。『調査情報』（東京放送刊）六九年七月号に佐藤健による『怪奇物 正統派への挑戦』と題された記事があった。

「来年は怪奇物ブームになるはずだ」と新宿あたりの自称前衛芸術家たちのあいだでささやかれはじめたのは、去年の夏の終わり頃である。まだサイケデリックがブームの頂点にあった。そのサイケにふりまわされているマスコミをあざわらうように、彼らは「サイケはことしいっぱい。来年は怪奇物」と予言的にいうのであった。

新宿には独特の情報網があり、その情報網は、自称前衛芸術家たちのネットワークでもある。彼らにとって、「来年はこれがはやる」という予感と、「来年はこれをやろう」という予定はほぼ一致する。したがって、怪奇物ブームになるはずだということは、怪奇物ブームをはやらせてやろう、ということとほとんど同じ意味をもっているわけだ。（中略）事実、去年の末から今年にかけての出版界には、続々と〝怪奇・伝奇・幻想小説〟とよばれる小説群が出版されている。

国枝史郎の「神州纐纈城」（桃源社）が出版されたのは去年の八月十五日であった。（中略）その後同社から小栗虫太郎の「人外魔境」橘外男の「青白き裸女群像」国枝史郎の「蔦

（注八）
〝スポーツ根性もの〟の略語である。テレビの世界では、メキシコ

葛木曾桟」と出版され、一方では講談社から「江戸川乱歩全集」（全十二巻）が刊行されているし、六月に入って、三一書房から「夢野久作全集」（全七巻）が刊行されはじめた。

『怪奇大作戦』は、水木しげるブーム（妖怪ブームと呼ぶことにするが）と怪奇ものブームの先鞭を付けるように放送が開始されたのだが、妖怪、怪奇ものブームと怪獣ブームが決定的に違うのは、後者は子供達の間から自然発生的に浮かび上がったもので、前者はいわばメディア側がトップダウン的に作り上げようとしたものだったということだ。そもそも当時の子供達にとって、怪獣も妖怪も大差はなく、怪獣ブームの終焉後、子供達の興味がスポ根（注八）に移行するにつれて妖怪ブームは消滅した。前記の番組も、六九年の三月には全てが終了する。

名コンビ、最後の作品

実相寺昭雄のCブロックに続くDブロックは、円谷一の二本持ち。放送順で言えば金城哲夫脚本の第六話「吸血地獄」と、上原正三、市川森一脚本の第八話「光る通り魔」である。この二本は、シリーズ初の地方ロケ編（宿泊ロケという意味）であった。

『怪奇大作戦』は、いわゆる第一期円谷プロ作品の中でも地方ロケが多い。というのも制

オリンピックが開催された六八年頃からブームが高まり、六九年にピークを迎えた。主な作品は以下の通り。『巨人の星』（アニメ）六八年三月三〇日〜七一年九月十八日、よみうりテレビ。『アニマル1』（アニメ）六八年四月一日〜九月三〇日、フジ。レスリングでメキシコオリンピックを目指す少年の物語で、『怪奇大作戦』の音楽を担当した玉木宏樹のデビュー作。『柔道一直線』（実写）六九年六月二二日〜七一年四月四日。東映制作でTBS側プロデューサーは橋本洋二。『タイガーマスク』（アニメ）六九年十月二日〜七一年九月三〇日、NTV。『サインはV』（実写）六九年十月五日〜七〇年八月十六日。『アタックNo．1』（アニメ）六九年十二月七日〜七一年十一月二八日、フジ。

作費を浮かせるため、地方のホテルなどとのタイアップが多かったからだ。それを取り仕切っていたのは〝タイアップの守田〟の異名を取った守田康司である。「吸血地獄」「光る通り魔」は、大分の白雲山荘とのタイアップであった。

上原メモによると、ドラマの舞台となる別府に、金城と市川がシナリオハンティングに出たのは八月三一日のことだ。ちなみに円谷一以下、本編スタッフは、英二の日記によれば九月七日にロケハンを行っている。金城は、別府の地獄めぐりを舞台に、現代に甦った吸血鬼の物語「吸血地獄篇」を書き上げる。準備稿の印刷は九月十一日、決定稿は十九日である。タイトルはダンテの『地獄篇』ではなく、この一九六八（昭和四三）年の五月二五日に公開された『初恋・地獄篇』（注一）を意識したものだろう。

本作に登場する吸血鬼ニーナは、恋人である山本周作運転のスポーツカーの事故で死亡したが、雷鳴の轟く夜、吸血鬼として甦った異形の者である。彼女は吸血鬼の末裔のようで、事故のショックで一族の血が甦ったらしい。四八時間ごとに人間の血が欲しくなり、その際、激しい禁断症状とともに、形相が醜く変化する。ニーナの死に責任を感じた山本は、彼女を連れて南に北に、未来のない逃避行を続けるという話だ。

兄貴分の円谷一監督作品のせいか、金城の脚本は「白い顔」より調子を取り戻しているもののの、やはり橋本が思い描いた番組のラインからははみ出ている。物語の根幹にあるのは、罪を犯す者のドス黒い妄執、あるいは社会や体制に対する怒りや恨みの類いではなく、傍から見れば一人の女性に対する妄信的な、山本の立場から見ればニーナに対する純粋な愛の姿

（注一）
脚本・寺山修司、羽仁進、監督・羽仁進、六八年五月二五日公開、ATG。

なのだ。

金城がこの脚本に「吸血地獄篇」と付けた意味はそこにある。本作は、絶対の異端者と、最後までその異端者を愛し続けた二つの〝地獄〟を、その心中までの道行きを描くものだからだ。

この〝純粋〟あるいは〝ピュア〟という言葉は、金城作品を語る上で欠かせないキーワードだ。円谷プロ作品でいえば、『ウルトラQ』第二話「五郎とゴロー」に登場する、猿のゴローと心通わす青年五郎。『ウルトラマン』では第二〇話「恐怖のルート87」で、ヒドラを帰るべきところに帰してやる交通事故死したムトウ少年。第三七話「小さな英雄」で、怪獣酋長ジェロニモンと甦った怪獣軍団が攻めてくると科特隊に伝えに来た友好珍獣ピグモン。一般のドラマでいえば、セックスを知らない純粋無垢な夫婦を描く「こんなに愛して」、人力飛行機に夢を託す男の物語「翼あれば」、これらの作品の登場人物達は、無垢な心のまま生き、それを全うしようとする（注二）。その意味において、「吸血地獄」に登場するニーナと山本の二人は、紛れもなく金城ワールドの住人なのである。

また本エピソードは、『怪奇大作戦』で唯一といえるゴシックホラーである。企画書『トライアン・チーム』『チャレンジャー』を読む限り、円谷プロ側は、怪奇シリーズとは言え、視聴者の興味を引きつけるための異形のキャラクターを欲していたようだ。前者には〝シリーズのポイント〟として「監修者円谷英二の旧作で例えるならば、〝電送人間〟〝ガス人間第一号〟などの系列に属する怪奇ミステリーです」とあり、後者には〝ドラマの設定〟として〝監

（注二）
「五郎とゴロー」監督・円谷一、特技監督・有川貞昌。

「恐怖のルート87」監督・樋口祐三、特殊技術・高野宏一。

「小さな英雄」監督・満田穧、特殊技術・有川貞昌。

「こんなに愛して」演出・岩崎守尚。『近鉄金曜劇場』枠で六四年二月二八日放送。

「翼あれば」監督・円谷一、六七年二月二六日放送。青島幸男主演の『泣いてたまるか』（六六年四月十七日～六八年三月三一日。初期は青島幸男と渥美清が交代で主役を演じた）を代表する一本。

修者円谷英二の旧作で例えるならば「透明人間」「ガス人間第一号」「電送人間」「美女と液体人間」といった一連の人間変身のテーマのドラマを、恐怖人間シリーズと銘うって、三人のSRIとの対決を描くこともある〟と明記されていることからも明白だ。ただし『恐怖人間』においては〝特撮はどう生かされるか〟という項目で〝監修者の円谷英二の旧作で例えるならば、「透明人間」の無人車の疾走、透明人間が包帯を解く恐怖、「ガス人間第1号」のガス状化する人間の恐怖、「美女と液体人間」のゼリー状の液体人間が地下水道を這いずりまわる恐怖などを思い起こして頂きたい〟と、かなり後退した表現となり、異形のキャラクターがドラマのメインではないという印象を与えている。無論それは、(充分ではなかったようだが)橋本とのディスカッションの結果、円谷プロ側が折れた形になったのだろう。しかし監督ローテーション二周目の円谷一作品は、『恐怖人間』で隅に追いやられてしまった、いわゆる変身人間シリーズのパターンを堂々と表現した。おそらくは円谷一も、番組には異形のキャラクターが必要と考えたのではないだろうか。こういう脚本が通ったのは、映画部内の力関係があるだろう。というのも円谷一は、映画部の最古参メンバーの一人であり、局内での肩書きはテレビ本部編成局映画部副部長·副参事である。「人喰い蛾」のときもそうだったが、円谷一が「これをやりたい」と言えば、それを通さなければならない空気があったのだろう。

しかし円谷一は「吸血地獄」「光る通り魔」の二本持ちをもって番組から離れ、というよりも、監督自体をやめてしまう。それにはこの当時、円谷プロを取り巻いていた状況が影響していると筆者は考える。そのヒントとなるのが英二の日記だ。以下、抜粋する。

10月18日金曜日　天候晴　朝十時半、TBSに行く。次の企画もあり、傍々新職制の挨拶もしなければ悪いので重役室を訪ねる　久しぶりに大森常ム(引用者注・大森直道)とも話合った。三輪君橋本君とも食事をして歓談して東京現像にゆき九州ロケの作品「吸血鬼ドラキュラ」(原文ママ)の試写を見て帰り、丸子の富士館会館でプロの企画会をする、

10月19日土曜日　天候晴　午後はプロにて、鈴木監督のTBS映画のオールラッシュをす(引用者注・第七話「青い血の女」のこと)。次回作の企画は、本日沖縄に妻子を迎えにゆく金城君が帰ってから提出することとする、

「吸血鬼ドラキュラ」とは、無論「吸血地獄」のことだ。一部前章と重複するが、この頃放送されていた「死神の子守唄」までの視聴率を列記すると、「壁ぬけ男」二四・八%、「人喰い蛾」二三・三%、「白い顔」二一・九%、「恐怖の電話」二二・一%、「死神の子守唄」二一・三%。

番組は『ウルトラQ』『ウルトラマン』『ウルトラセブン』の五三八万円より若干下がったが、それでも一本当たり五三〇万円の制作費をかけた大作である。視聴率は二〇%を越えているとはいえ、及第点とは言えまい。そして番組の内容に関して、スポンサー側からもTB

S側からもクレームがあったことが、橋本の証言で明らかになっている。〝次回作の企画〟云々という記述は、TBSのものかどうか判断が難しいところだが、この日以降の日記の記述から考えると、やはり『怪奇大作戦』の次の企画と考えるのが自然だ。つまり番組が当初の契約通り二クールで終了という決定が、この時点で明らかになっていたのだ。英二が日記に〝「怪奇大作戦」の企画に期待と自信が湧いてくる〟と書き込んで、わずか十日あまり後の出来事である。

この頃円谷皐は、四月にフジテレビを退職後、円谷プロの事業面を発展させるために起業した円谷エンタープライズの社長に就任していた。つまり父親のそばには円谷皐がおり、版権管理などの面倒を見てくれる。円谷一としては、監督として番組に残るよりも、映画部のプロデューサーとして、父親の会社をバックアップする道を選んだのではないだろうか？結果、「吸血地獄」は、金城哲夫、円谷一というゴールデンコンビの最終作となってしまったのだ。そして金城もまた、本作が『怪奇大作戦』最後の登板作品となってしまった。

上原　「人喰い蛾」が第一話にならなかったというのは、金城のプライドをひどく傷つけたと思うよ。『マイティジャック』の失敗のしわ寄せも来ている時期だったしね。あの頃は苦悩の日々でしたよ。だから『怪奇大作戦』の金城の作品は、みんな苦渋に満ちているよね。それからは企画室長の立場があるから、一応脚本は読むんだけど、それだけで何も言わないんだよね。あれは辛かったよね、だって絶対のエースがもう投げられなくなっていたんだから。

二本持ちのもう一本、「光る通り魔」は、クレジット上では上原正三、市川森一の共作となっている。それは準備稿である「燐光人間」も同様だ。しかし八月三一日、別府へのシナハンは、金城と市川の二人しか出向いていない。つまり当初、「光る通り魔」は市川の単独脚本の予定だったのではないだろうか？　上原メモには、それを思わせる書き込みがある。

9月16日（月）松涛苑に入る。市川君と
9月17日（火）松涛苑　市川君と、TBS、夕食、
9月18日（水）燐光人間　印刷入れ　TBSサービス、10・30・
9月20日（金）円谷家で朝八時より脚本作り。
9月21日（土）朝、円谷家から帰る。「光る通り魔」印刷出。

「光る通り魔」の脚本は、二種類確認されている。一つは「燐光人間」と題された準備稿、そして改題された決定稿だ。

「燐光人間」は、ＴＢＳ仕様の脚本であり印刷時期が不明だったが、九月十八日のメモから同社の子会社で、脚本の印刷業務も行っていたＴＢＳサービスへ同日提出されたものであることがわかった。また準備稿は上原と市川の共作であり、決定稿は上原単独で仕上げたことがわかる。しかし「白い顔」と違い、箱書きについての言及はないので、現存する準備稿の前に、市川単独の生原稿が存在した可能性も否定できない。その場合は、おそらくは円谷一と市川の話し合いの中で、単独で仕上げることは厳しいと判断されたのだろう。上原メモには、十九日に打ち合わせがあった記録はなく、二〇日に円谷一の自宅で直しが入っている。このことから、「光る通り魔」は、円谷一主導で作られた脚本であったということがわかる。「吸血地獄」も同様であろう。

「燐光人間」は、「光る通り魔」とは前半部分にかなり差違がある。まず冒頭で本エピソードのヒロイン洋子に密かに思いを寄せる男、山本が阿蘇の火口で燐光人間に変じる様を見せる。燐光人間となった山本は、人間の姿にも、ドロドロに溶けた液体状にもなれる。そして毎晩のように洋子の目の前に現れる。燐光人間は、洋子にちょっかいを出した酔っ払いを殺したり、現金輸送車や宝石店を襲ったりする。前半はあたかも『美女と液体人間』のごとく、一人の女性にまとわりつく燐光人間の姿を「光る通り魔」以上に追っている。ＳＲＩに追われた燐光人間が、普通の人間に変装し、タクシーに乗るシーンがあるが、それは上原正三が『ウルトラセブン』の後半、安藤達己作品として用意したプロット、「寒い夏」からの借用である（注三二）。しかし燐光人間寄りの展開は、事件の真の被害者といえる山本のドラマを、完

（注三二）詳しい解説は、拙著『「ウルトラセブン」の帰還』にある。

成作品に比べ、背後に追いやっている。

一方、「光る通り魔」も、汚職の詰め腹を切らされ、自殺しようとするが果たせず、燐光人間に変化しても恋する女性のそばに現れる辺りは、本家『美女と液体人間』と同じ展開だ。劇中〝黒い霧〟（注四）と表現された汚職が、事件の背景にある。しかし本作が訴える真のテーマは、報われぬ恋である。ドラマが進行するにつれて、都会の片隅で〝誰にも愛されず、さげすまれ、小さくなり、それでも必死に生きてきた山本〟という小市民が浮き彫りにされていく。およそ犯罪など起こすはずのない男が、生への執念のみで燐光人間に変化したとき、〝それ〟に残った精神活動は〝報われない恋への断ち切れぬ情〟だけであった。その証拠に、燐光人間が襲うのは洋子に近づく人間のみだ。この辺りの設定に、市川森一的世界を見るのは筆者だけではあるまい。

残念ながら上原正三に本作の記憶はないそうだ。「あの頃は、脚本の修理屋だったから」とのみ、上原は語っていた。一方、市川森一は、『怪奇大作戦大全』のインタビューで、本作について以下のように語っている。

市川　この作品は上正と二人で作ったと思うんですよ。ブレーンストーミングしてましたから。一緒に阿蘇行ったり（注五）、その時は、金城（哲夫）さんも一緒で。それでワイワイ珍道中しながらでっち上げた話だと思うんですね。（中略）「燐光人間」というタイトルは付けた覚えがないんで、多分上原が付けたんだと思いますね。「光る通り魔」も上正か

（注四）六〇年から『文藝春秋』（文藝春秋刊）で連載された松本清張のノンフィクションシリーズ『日本の黒い霧』が評判を呼び、汚職や秘密工作を示す〝黒い霧〟という言葉が一般化した。

（注五）前記のように、実際にはロケハンに上原正三は同行していない。

な？（中略）（円谷）一さんが撮ったんだよね。だからこれは僕の手を離れて、一さんが「こうしたい、ああしたい」というのを上正がその意向を受けて書き直してたって事ですよ。だから上正にあんまり書いたって記憶がないのかも知れませんね。（中略）岸田森がマグマの中で、男の心情をズーッと語るあたりなんか僕のタッチだよね。これはシーンとしてもよく覚えてますよ。本当に忠実にやってくれたんだね。

一方、上原タッチと言えるのは、山本に対する聞き込みを行った後の牧の台詞だ。会社での山本は、社員みんなに馬鹿にされるあまりにも平凡な男だった。ＳＲＩに帰った牧は、的矢に言う。

牧　「（俯き）あまりにも平凡な男なんですよ。……みんなから……馬鹿にされててね。……つまり……何てのかな？……」
的矢「犯罪など全く犯しそうにない」
牧　「（的矢を見て）そうなんですよ！」（完成作品より）

「死神の子守唄」において、牧は、人体実験を繰り返す吉野という屈折の度合いの激しい人間の前で、なすすべもなく沈黙する。しかし本作における牧は、犯罪者の心理を自分と重ね合わせているかのような印象を受ける。牧と犯罪者、この表裏一体の関係は、上原会心の傑作「かまいたち」で、さらに発展した形で表現される。

若い世代の活躍

『怪奇大作戦』、一クール目の作品を制作NO．順で並べると以下の通りになる。一「人喰い蛾」、二「白い顔」、三「壁ぬけ男」、四「恐怖の電話」、五「死神の子守唄」、六「吸血地獄」、七「光る通り魔」、八「青い血の女」、九「散歩する首」、十「ジャガーの眼は赤い」、十一「死を呼ぶ電波」、十二「氷の死刑台」、十三「霧の童話」。放送第八話以降で「散歩する首」と「ジャガーの眼は赤い」は、東映の小林恒夫監督の二本持ち、「霧の童話」は、十四話の「オヤスミナサイ」と二本持ちの飯島敏宏監督作品。「青い血の女」は、円谷プロの社員監督、鈴木俊継の作品、「死を呼ぶ電波」は、東宝の助監督、長野卓の監督昇進第一作、「氷の死刑台」は、『ウルトラセブン』第四七話「あなたはだぁれ？」（注一）で監督デビューした安藤達己の作品。一クール目で、中堅の鈴木俊継監督作品が一本しかないのは、長野、安藤という二人の新人が監督として番組に参加することが決まったためだろう。

鈴木が監督した「青い血の女」は、核家族の問題を扱った作品だ。脚本はベテラン若槻文三。息子の明を溺愛していた発明家の鬼島竹彦は、結婚を機に彼が別居してしまったことを恨んでいる。竹彦の歪められた愛は、今や彼が生み出した〝青い血を持つ女〟に注がれてい

（注一）
脚本・上原正三、特殊技術・的場徹。

た。だが青い血を持つ女は、竹彦の恨みの心を感じ取り、殺人人形を使って明の殺害を企む。しかしいつしか青い血の女にも自我が芽生え、「老人を捨てた老人の子供達を殺さなきゃ。あたしは大人よ。いつまでも子供扱いされちゃかなわないわ。あたしも老人を捨てて独立するの。だからあたしも殺さなきゃ」（完成作品より）と言って自殺する。
おそらくは放送当時よりも、現代の方がタイムリーなテーマと言えるのではないだろうか。しかし本作の場合、青い血の女が殺人の道具として使う少女人形のインパクトが強烈で、ホラー作品としての魅力が勝っている。

橋本　若槻（文三）さんは上正が僕に紹介したんだよね。『ウルトラシリーズ』（原文ママ）（注二）で大分書いた人だったんですね。その頃は全然知りませんでしたが（笑）。若槻さんの話は、ちょっと時代劇風で、ストーリーがスイスイと進むんですよね。打ち合わせの時は、テーマとかが深まっていくんですが、上がりを見ると意外にあっさりしていました。
（『怪奇大作戦大全』橋本洋二インタビューより）

そもそも若槻はテーマ主義の作家ではない。大阪で人気番組『部長刑事』を手がけ、上京してからは、飯島敏宏がチーフディレクターを務めた大ヒット番組『月曜日の男』を手がけた、生粋のエンターテインメント作家である（注三）。若槻は、社会派の体裁を取りながら、実はホラーを目指していたのは明らかだ。三沢が泊まる部屋には猛禽類の剥製があったり、

（注二）現在、円谷プロ公式の呼称は「ウルトラマンシリーズ」である。

（注三）『部長刑事』五八年九月六日〜〇二年三月三〇日、大阪テレビ／ABC。『月曜日の男』六一年七月十七日〜六四年七月二七日。

若い女がバスルームで殺されると、鮮血がタイル上に広がっていったり（ト書きの表現）、竹彦が無言の青い血の女に語りかけたり、アルフレッド・ヒッチコックの傑作ホラー『サイコ』（注四）を意識したシーンを意図的に滑り込ませている辺りにも、若槻の意図が見て取れる。

また、長年『部長刑事』を書いてきたゆえか、本作は町田警部のキャラクターと台詞が過去のエピソードに比べ、いかにも警視庁の刑事然としている。殺人人形は、三沢を明と勘違いして襲う。その際、三沢は手に傷を負ってしまう。その後、人形は明の家近くの路上で、偶然会った中年の男を殺し、どこかに去る。警察は三沢の手の傷が、被害者と争った際に受けたものと疑い、彼を第一容疑者と考える。任意同行された三沢はすぐに解放されるが、町田は彼に尾行を付ける。多くの事件をともに解決してきた仲の三沢と町田警部であるが、疑わしき証拠が出てきた場合、私情は捨てて叩き上げの刑事として彼に接する。その刑事根性を見て、的矢は〝ミスター警視庁〟と皮肉る。

ドラマは、歪みきってしまった鬼島竹彦の描写を挟みつつ、殺人人形につけ狙われ、警視庁からは殺人容疑者として疑われる三沢を丹念に追っていく。逃げ場のない状況に主人公を追い込むのは、サスペンスの常套手段である。巧みな構成の若槻脚本を得て、鈴木俊継もホラーの定石に沿った丁寧な演出を見せている。結果、「青い血の女」はシリーズ中、最もホラー的要素の強い傑作となったが、映像を分析してみると、決して潤沢な環境で制作されたものではない事実が透けてくる。

この時代、TBS映画部から出向の監督達は、立場上円谷プロ出身の監督よりも優遇され

（注四）六〇年、原作・ロバート・ブロック、脚本・ジョセフ・ステファノ、日本公開は六〇年九月四日。

ていた。逆に、割を食ったのは鈴木俊継、満田穧といった円谷プロ出身の監督である。本作は、派手な合成ワークも、複雑な操演もなく、ロケは、おそらく円谷プロの近辺、岡本町辺りがメインであろう。しかしその限られた環境が、闇に潜む恐怖を見事に描写していた。制作条件が限られているほど、職人監督としての技量が作品を左右するといえる。『怪奇大作戦』で鈴木が担当したのは三本。本作の他に「24年目の復讐」「果てしなき暴走」がある。見事外れがない（注五）。鈴木のその後のキャリアを俯瞰すると、『怪奇大作戦』が氏のピークである。実相寺昭雄同様、鈴木にとっても『怪奇大作戦』が花だったのだ。

続く制作NO．九、十は、東映から招聘された小林恒夫の監督作品。小林は『マイティジャック』第五話「メスと口紅」（注六）から円谷プロ作品に参加した。ペンディングされた「S線を追え！」を手直ししたのも小林だ。

小林は、『終電車の死美人』や『点と線』など、サスペンスものに手腕を発揮した監督であるが（注七）、〝少年探偵団シリーズ〟や〝月光仮面シリーズ〟の子供向け作品もある。『悪魔くん』ではパイロット版の三本も手がけ、特撮番組にも冴えを見せた。守田康司とは『点と線』以来の付き合いで、その縁で『マイティジャック』に起用したと、生前、守田は筆者に語ってくれた。

本作は若槻文三の脚本。美登利峠に〝散歩する首〟が現れ、事故が続出していた。しかも交通事故死した死体からは、強い強心作用を持つジキタリスが検出されていたのだ。それは

（注五）「24年目の復讐」は少々問題があるものの、それについては後述。

（注六）脚本・池田一朗、特殊技術・佐川和夫。

（注七）『終電車の死美人』原作・朝日新聞警視庁担当記者団、脚本・白石五郎、森田新、五五年六月二一日公開、東映。『点と線』原作・松本清張、脚本・井手雅人、五八年十一月十一日公開、東映。三原刑事役で、南廣が主演している。

人間を永遠に生かすという妄念にとらわれた峰村という科学者が、トリックで作りだした散歩する首を使って事故を起こし、死体を人体実験に使っていたというストーリー。

「青い血の女」が洋画風のホラーならば、本作は怪談映画の亜種である。ドラマの見どころは散歩する首の描写ではなく、その出現で事故死してしまった飯塚律子というOLの通夜である。車を運転していた星野守という男は律子の同僚だが、会社の金を使い込んだ弱みを彼女に握られている。二人は付き合っているが、星野は律子とは別の女と結婚するつもりでいる。だから律子が邪魔になり、ドライブに誘い出し殺そうと企んだのだが、その途中、美登利峠で散歩する首を目撃して、事故を起こしてしまったのだ。

こうして殺人犯人となるはずだった星野は、一転、悲劇の主人公となってしまった。律子の死体は、農協の小屋に運び込まれた。そこへ事故の第一発見者である峰村が、通夜をさせて欲しいと、ふらりと現れる。しかし美登利峠の事故を調査していた牧が小屋にやって来ると、律子の死体は消えていた。無論、死体を盗んだのは峰村である。

この小屋のシーンは、白木の箱を前に読経を上げ続ける不気味な老婆、悲劇の主人公を演じ続けようとする星野、一見して異常者だとわかる峰村と、怪人物が集合しているせいか、異様なテンションに満ちている。どこか新東宝映画を思わせる居心地の悪さである。これで被害者の女が三原葉子（注八）だったら、完璧に新東宝映画だ。

本作は、肝心の散歩する首のトリックが陳腐で、説明不足な部分もあり、決して完成度は高いとは言えないが、特撮マニアの一部には不思議と人気のあるエピソードだ。おそらくそ

（注八）日本を代表するヴァンプ女優、グラマー女優。映画評論家淀川長治は『キネマ旬報』誌（キネマ旬報社刊）で、〝グラマーに扮した三原葉子が出てくると、もうそれで面白くなる。ジェルソミーナがヌード・グラマーに早変りした魅力である〟と、その魅力を読者に訴えた。

れは、怪奇な現象を科学の力で解明していくという『怪奇大作戦』の基本に則していたストーリーが、ラスト、死んだはずの律子がムックリと起き上がり星野を指さすという、番組のパターンを覆す展開を見せるせいかも知れない。

同時撮影の「ジャガーの眼は赤い」は、大ベテランの高橋辰雄の脚本。すでに記した通り、橋本と高橋の付き合いはラジオ時代に遡る。番組参加は、高橋が橋本に「一本かませてくれ」と願ったため実現した。

本作は、ホログラムを使って子供を誘拐し、身代金を要求する事件を描いている。『チャレンジャー』の〝具体的内容メモ〟にあった「魔のシネグラス」が元ネタだろう。

準備稿のタイトルは、「誘拐魔」という。準備稿ではホログラムではなく、フォノグラフィというゼラチンフィルターに二方向から光を当てて、風景を映し出す装置が使われている。全体的な流れは、「ジャガーの眼は赤い」とさほど変わらないものの、全体的に間延びした構成で締まりがない。結果、ベテランにはベテランということか、若槻文三が準備稿に手を入れて「ジャガーの眼は赤い」を完成させた（ただしノンクレジット）。

「誘拐魔」の印刷は九月二七日。上原メモによると、十月五日に本稿を手直しする打ち合わせが行われている。メモには〝小林組、若槻作品（高橋）打合せ〟と記されているだけで、出席者、場所は不明だが、小林組は、守田康司が仕切った作品ということが、橋本の証言で明らかになっているので（第三部二一三頁参照）、円谷プロで行われたと推測する。「ジャガーの眼は赤い」の決定稿が印刷されるのは十月九日である。

「誘拐魔」において、子供の誘拐シーンは、眼鏡を通して〝今まで見たことのないような風景〟（ト書きより）が映し出される。次いで兄の太郎が〝二つの眼ばかり光った黒い影〟（ト書きより）に抱きかかえられ、〝えたいの知れない風景の中に、吸い込まれるようにして消えて行く〟（ト書きより）のを次郎が目撃するという描写だ。それが「ジャガーの眼は赤い」では、グランドキャニオンの洞窟の暗闇に、真っ赤に光る二つの目があり迫ってくる、という描写に変更されている。〝今まで見たことのないような風景〟や〝えたいの知れない風景〟といった曖昧模糊とした表現よりは、筋が通っている。しかし「誘拐魔」にしろ「ジャガーの眼は赤い」にしろ、ホログラムに映し出される映像は、グランドキャニオンだったり、公衆電話だったり、巨大な吊り橋だったりで、番組の核である怪奇性が全く感じられない。つまり小道具としての魅力に乏しいのである。研究費欲しさという犯行動機も平凡すぎ、残念ながら本作は、前半第一クール中、最も完成度の低い作品となった。

しかしサルベージできる可能性はあった。若槻はそれを脚本に書き込んでいる。冒頭、少年野球の試合シーン。太郎の弟健二が打ったボールは、グラウンドの柵を越えて草むらの中に落ちる。少年達は必死にボールを探す。時は過ぎ、夕刻になっても、健二は一人草むらで探しものをしている。そこへ太郎がやって来て、「駄目じゃないか、おそくまで遊んで」と言い、健二は、「兄ちゃん、ウサギがいるんだよ」と不思議なことを言い出す（注九）。

二人はこのシーンの直後に、ウルトラセブンの着ぐるみを着たサンドイッチマンから貰っ

（注九）
準備稿では太郎と次郎の兄弟。セミレギュラーだった次郎君は登場しない。

た眼鏡を通し、グランドキャニオンの風景を見る。つまりある意味、不思議な世界へ足を踏み入れたということだ。不思議な世界とウサギと言えば、すぐに思い出すのがルイス・キャロルの『不思議の国のアリス』である。

ある日アリスは、服を着て人の言葉を話す白いウサギを目撃する。アリスはウサギを追っていくが巣穴に落ち、不思議な国へとたどり着く。つまり健二の言うウサギは、兄弟を巣穴に見立てた洞窟を通して、不思議な国へと誘《いざな》うエレメントだ。また劇中、初期の準レギュラーだった次郎少年は、野村に向かって「想像と現実がいりまじっている所に、この事件のムズカシサがあるんだね」（脚本より）と言い、この事件が迷宮的世界にあることを暗示する。

つまり「ジャガーの眼は赤い」は、アリス的迷宮世界で構築することも可能だったのだ。その発想でいけば次郎の台詞は、「虚構と現実が入り交じっているところ」と言い換えるべきであり、例えば捜査に当たったSRIが、ホログラムで作り出された世界に翻弄され、現実と虚構の間をさまよう、といったシーンがあれば作品の印象は大分違ったものになったと思う。

続く制作NO．十一は、東宝出身である長野卓のデビュー作「死を呼ぶ電波」だ。円谷プロ作品で、東宝の助監督が監督昇進するのは、『ウルトラQ』の梶田興治以来だ。脚本は、アクション派の監督福田純の作。長野は一九六〇（昭和三五）年の『電送人間』から六八年の『一〇〇発一〇〇中　黄金の目』まで、福田のチーフ助監督を長く務めた。また、日劇での加山雄三ショーを撮影し、〝若大将シリーズ〟の一本に仕立てた『日劇「加山雄三ショー」より 歌う若大将』では構成と監督を務めた(注十)。

本作は、『恐怖人間』時に検討用台本として執筆された「恐怖のチャンネルNo．5」と同様の内容だ。五年前、父親を殺された男(小山内健二)が〝死を呼ぶ電波〟を使い、犯人の全国運送の社長村木剛造、その息子で経理課長の秋彦への復讐を企む話。ドラマ後半は、犯人逃亡用のセスナ機を操られ絶体絶命の危機に陥る剛造と、犯人の放つ〝死を呼ぶ電波〟を逆探知し、殺人を阻止しようとするSRIの活躍がカットバックで描かれる。この力業は、さすがアクション派の福田らしい構成である。

〝死を呼ぶ電波〟とは、ある特定の電波だけを吸収する電導液を通して放たれる殺人電波だ。しかしテレビのチャンネルや、ラジオのチューナーのつまみ、はてはセスナの遠隔操作まで行ってしまう説明は一切なく、拍子抜けしてしまう。また剛造はステレオタイプの悪役で、犯人側の描写も通り一遍だ(エピローグで、小山内の「復讐日記」の存在が明らかになり、SRIは犯行動機を知る)。それゆえ、『怪奇大作戦』で橋本が敷いたラインからは外れている。本作同様の構造を持つ「恐怖のチャンネルNo．5」が準備稿のままで置かれた理由は明らかにそこにある。あるいはそのまま未制作に終わるはずだったとも考えられる。だから金城は、レーザー光線による殺人という「恐怖のチャンネルNo．5」のトリックをそのまま「白い顔」に使用してしまったのかも知れない。

ただ本作は『怪奇大作戦』を代表する作品とは決して言えないものの、シリーズ中最もア

(注十)
『一〇〇発一〇〇中 黄金の目』脚本・都筑道夫、小川英、福田純、六八年三月十六日公開。
『日劇「加山雄三ショー」より 歌う若大将』六六年九月十日公開。

クション寄りのエピソードであり、ラスト、牧の過去について言及している辺りも興味深い。以下、完成作品から採録する。

的矢　「小山内の父親は、自分の死を予測し、息子に詳しい状況の説明をした……。そして予測通り、父親は村木親子に謀殺されたんだ」
牧　「（「復讐日記」を手に取り）それで、遺産の全てを叩き込んでアメリカへ留学……、あらゆる科学の知識を詰め込んできたってわけですね」
的矢　「……うん」
野村　「牧さんのお父さんも、正義の士だったために殺されたんでしょう……。同じ状況の中で、しかも同じ科学を身につけた牧さんと小山内……、大きな違いですね」

続く制作NO．十二「氷の死刑台」は、NO．十三の飯島組「霧の童話」と放送順が逆になり、一クール目最後のエピソードとして放送された。脚本は若槻文三である。本作も「ジャガーの眼は赤い」同様、『チャレンジャー』に記された「アイスマン」が元ネタ。「アイスマン」で、冷凍人間となるのは安藤隊員、「氷の死刑台」の監督は安藤達己。偶然の一致ではあろうが面白い。そもそも安藤達己の名を、サンプルストーリーで使用したのかも知れないが。

本作も、若槻が執筆した「青い血の女」「散歩する首」同様、マッドサイエンティストものにカテゴライズされる作品だ。

岡崎という平凡なサラリーマンが、加瀬という科学者にそそのかされ、一日だけ会社をサボる決意をする。だが加瀬は、岡崎を冷凍冬眠の実験台にしようと企んでいたのだ。加瀬は、仲間の島村と一緒に開発したフレオンX12を使って、岡崎を冷凍する。だが七年後、岡崎は甦った。人間の細胞は七年で完全に入れ替わる（注十一）。その間にも基礎代謝は続き、体内にフレオンX12を取り込んだ岡崎は、冷凍人間と化してしまったのだ。

『フランケンシュタイン』につながるモンスターものの定石に、当時の流行語であった〝蒸発〟をテーマとして入れ込んだ辺りが若槻のしたたかさだ。蒸発とは、人間が行方不明になることで、昭和三〇年代から四〇年代にかけて、マスコミが盛んに使った用語だった。

脚本では、岡崎が一日だけの蒸発を決意した日は「昭和三六年十二月五日」と設定されている。つまり、本作が放送された六八年十二月八日から割り出した日なのだ。

昭和三六（一九六一）年十二月といえば、高度経済成長のまっただ中であった。時期的にはいわゆる岩戸景気の最後の月にあたる（注十二）。その年の八月には、高度経済成長時代を象徴するコミックバンド、ハナ肇とクレージーキャッツの「スーダラ節」がリリースされ、八〇万枚のヒットを記録している。

だが反面、競争の毎日に疲弊していく労働者も多かった。岡崎もその一人である。六七年、今村昌平は、失踪した婚約者の行方を追う一人の女の姿を追ったドキュメンタリー『人間蒸

（注十一）現在、この説には否定的な意見が多い。

（注十二）五八年七月～六一年十二月。

発』を製作し、同年、安部公房は、蒸発したサラリーマンを捜査する探偵を主人公にした『燃えつきた地図』を発表した。同作は、翌六八年に映画化され、六月一日に大映系で公開された(注十三)。案外、本作の蒸発というキーワードは、映画版『燃えつきた地図』にあるのかも知れない。

安藤達己の監督デビュー作「あなたはだぁれ?」は、小林昭二扮する中年サラリーマンがミステリースポットに紛れ込んだが、「氷の死刑台」は、中年サラリーマン自身がミステリースポットになってしまい、都会にさまよい出る。安藤の演出は、冷凍人間の恐怖、マッドサイエンティスト達の末路、SRIの捜査を手際よくさばき、よどみがない。『怪奇大作戦』における変身人間ものの中では、娯楽性もテーマ性もバランスが良く、最高傑作と言っていい。

それにしてもラスト、牧が新兵器サンビーム500で、何のためらいもなく冷凍人間を焼き殺してしまうのは、現在の目で見ると少々疑問が湧く。そもそも『怪奇大作戦』は、燐光人間もそうだったが、異形の者に変化した人間を、躊躇せず葬る。燐光人間は、もはや人間とは言えないまで変質してしまったし、冷凍人間の場合は、逮捕の際抵抗したため、警官隊に命の危険が迫ったゆえの正当防衛と解釈すべきか。

「氷の死刑台」は、ラストにわずかな疑問は残るものの、炎の中で溶けるように崩れていく冷凍人間岡崎に対する牧の、「可哀相に、あの男はすでに七年前に殺されていたんだ……。いや、七年の間、氷の死刑台で殺され続けていたんだ……。狂った死刑執行人達の手によっ

(注十三)
『人間蒸発』六七年六月二五日公開、ATG。『燃えつきた地図』原作/脚本・安部公房、監督・勅使河原宏。

て……。そしてそれが……今、終わったんだ」（完成作品より）という台詞は、本作の画竜点睛である。

飯島敏宏最高傑作

制作NO.十三、十四は飯島組の二本持ち、上原正三脚本の「霧の童話」と藤川桂介脚本の「オヤスミナサイ」だ。二クール目の開巻となった第十四話「オヤスミナサイ」は第三部に譲り、ここでは第十二話として放送された「霧の童話」について考察する。

上原にとって、第三話「白い顔」以来の飯島作品。上原メモでは、新作の最初の打ち合わせは八月二二日に行われている。

8月22日㈭ロケ　シナハン　河口湖中止。AM・9出発　飯島氏と脚本作り、オリッサ。

8月24日㈯TBS　打合せ――怪奇打合せ。

9月3日㈫箱組。

これが「霧の童話」の初期の打ち合わせかどうかははっきりしない。「霧の童話」に関する打ち合わせとわかるものは、九月二七日のメモが最初だ。つまり八月後半から九月初頭の飯島と上原の作業は、一旦ペンディングか、中止となったわけだ。三日以降の九月前半で印刷された脚本は、石堂淑朗《としろう》作「平城京のミイラ」（九月七日印刷。詳細は後述）、「青い血を吐く女」（九月十日印刷。「青い血の女」の準備稿）、「吸血地獄篇」（準備稿、九月十一日印刷）、「吸血地獄篇」「青い血の女」（決定稿、九月十九日印刷）である。あるいは当初、Dブロックの円谷一組、「吸血地獄」と「光る通り魔」の次は、飯島組の二本持ちが予定されていたのでは、という感がある。しかし予算調整か、それとも他の理由かはわからないが、飯島組のローテーションが先送りにされたのではないだろうか。

その後、上原メモに飯島の名が記されるのは前記の通り、九月二七日のことである。

——9月27日（金）「白い顔」検定。飯島組。「呪いの村」ストーリー打合せ。

これは明らかに「霧の童話」のことだ。そして十月二日、上原は飯島組のシナリオハンティングに出発する。

——10月2日（水）シナハン——信濃路。200キロのシナハン。南沢鉱泉に泊まる。さすがに疲れる。

10月3日(木)伊那より小諸。シナハン　八ヶ岳。ガスで見えず。奈良原温泉に泊まる。

この八ヶ岳というのは、藤川が脚本を担当した「オヤスミナサイ」のシナハンだ。メモに藤川の名は記されていないが、上原は、筆者とのインタビューで「藤川桂介さんとのロケハンは楽しかった」と証言している。そして上原一行は、四日にロケハンを終え、東京に戻る。飯島敏宏との打ち合わせが始まるのは九日からである。

10月9日(水)TBS　飯島組打合せ。
10月10日(木)休日。(引用者注・体育の日)飯島組、箱組開始。
10月11日(金)自宅執筆。TBS、夜　打合せ。
10月13日(日)飯島組、書き始める。
10月14日(月)PM6、TBS、第1稿。飯島組、夕方　仕上げる。

10月15日（火）飯島組　直しに関する話し合い。
10月17日（木）平凡な1日　箱組。飯島組。夜、ＴＢＳ、企画打合せ。
10月19日（土）金城君帰京　自宅執筆
10月20日（日）自宅、飯島組、
10月21日（月）ＴＢＳ、打合せ　飯島組
10月22日（火）ＴＢＳ　飯島組打合せ　印刷出し。
10月28日（月）飯島組、決定稿作り、打合せ。夜、直し、「人も歩けば」構成
10月29日（火）新企画会ギ。飯島組、印刷出し「霧の童話」　夜、橋本氏と会う。新企画。

現在確認されている「霧の童話」の脚本は、十月二四日印刷の準備稿、三一日印刷の決定稿だ。上原メモを検証すると、第一稿の仕上がりは十四日、これは検討稿なので印刷には回

されていない。注目すべきは、十五日と十七日のメモだ。十五日は、直しに関する話し合いが行われ、十七日は、もう一度箱組みを行っている。つまり「霧の童話」の第一稿は、箱組みからやり直さなければいけないほどの大直しだったという意味であろう。二八日に「人も歩けば」というタイトルが記されているが、これについては第三部で後述する。

「霧の童話」は、美しい自然に囲まれた、典型的な六〇年代の日本の村（鬼野村）が、高速道路計画の影響で、変質していく様をとらえている。

高速道路が開通することによって、鬼野村は急速に発展することが目に見えている。それを目当てに様々な企業が村に進出する計画を立てている。先手を打ったのはアメリカの企業だった。大手自動車メーカー、デトロイトモータース（何というストレートなネーミング！）（注一）が工場建設の計画を立て、土地買収の動きを始めたのだ。工場建設賛成派の集会で、黒板には〝誘致工場、セントラルガス、中部鋼管、自然動物園〟と誇らしげに書かれている。デトロイトモータースの動きに合わせて、中央の企業も鬼野村に食指を伸ばし、村は土地買収賛成派（若者）と反対派（老人達）に分かれ、互いに牽制し合っているありさまだ。

そんな中、土地買収賛成派の一人が、霧の中から現れた落ち武者の亡霊に襲われて崖から転落、大怪我を負う。村には戦国時代の落ち武者伝説があった。織田の軍勢に敗れた落ち武者達が、鬼野村近辺に落ちのびてきた。しかしその頃、この界隈はひどい飢饉に見舞われており、飢餓にあえいでいた村人達は、集団で落ち武者を襲い、皆殺しにしてしまったのだ。それ以来鬼野村は、夏は干ばつ、台風のシーズンには水害や土砂崩れに襲われるようになっ

（注一）準備稿ではフット自動車。

た。村人達は、それを落ち武者の呪いと恐れていた。今回の事件も、一部の村人は、落ち武者の祟りと思っている。落ち武者の霊を鎮めるため作られた呪い墓を潰し、高速道路にしようとしたせいだと。

上原　落ち武者の祟りのところは、『八つ墓村』（注一）だね。それに当時問題になっていた自然破壊を入れ込んだんだね。

土地買収反対派の老人達は、霧にある種のガスを混入、買収賛成派を一時的な錯乱状態にし、落ち武者の亡霊に化けて脅していた（注二）。そのガスは、旧帝国陸軍の遺物である。買収に動いているのはアメリカの大資本。つまり「霧の童話」は、一地方の村を舞台に展開した、日米の代理戦争ととらえることも可能だ。「霧の童話」の決定稿、デトロイトモータース副社長ヘンリーの登場シーンは、以下のト書きで表現されている。上原は、マッカーサーのイメージで書いたという。

12　開拓地（昼）
SRI車が来る。
この一帯は、道路を切り開くために山をくずしたりして大工事が進行している。
動き回るブルドーザー。

（注一）
横溝正史の代表作である長編推理小説で金田一耕助シリーズの一つ。四九年発表。最初の映画化は五一年（脚本・比佐芳武、高岩肇、監督・松田定次、十一月二日公開、東映）だが、最も有名なのは野村芳太郎監督による松竹版（脚本・橋本忍、七七年十月二九日公開）。

（注二）
犯人の一人、大熊松三は戦争中に広島の大久野島にいた設定。当時、大久野島には陸軍造兵廠忠海《ただのうみ》兵器製造所があり、毒ガスを製造していた。今では九百羽を越える野生ウサギが生息する島として知られ、多くの観光客が訪れている。

向こうから砂ぼこりをまきあげてやってくるジープ、乗用車、バイクなど。

徹「(三沢に)失礼します」

徹、車をおりてジープの方へ。

凱旋将軍よろしくジープに乗っているヘンリー、秘書のロバーツ、通訳の和歌子。

上原渾身の脚本を得て、飯島の演出も冴え渡る。冒頭は、モノクロをセピア色に調整した画面、賛成派の若者(阿知波信介)に亡霊が襲いかかる。エピソードタイトルは落ち武者のアップ。「2020年の挑戦」(注四)を思わせるネガポジ反転画像だが、シアンに着色されている。タイトル後はSRIのシーン、ここは狭い空間を意識したすき間のない人物配置。SRIの看板のアップから、画面左手前に赤い衣装のさおりを配置、その右に牧(背を向けている)、牧の左のソファには町田、的矢。右の三沢と野村が座るソファは、本来はテーブルを挟んで、左側のソファの対面になければいけないのだが、画面効果を意識して、あえて右奥にズラしている。男達は全員ダーク系のスーツを着ているので、さおりの赤い服が映え、画面に華やかさを添えている。撮影は「吸血地獄」「光る通り魔」でも、奥行きを活かした画面設計を構築していた鈴木清。飯島とは本作が初コンビだ。

次いでさおり(立ち上がって町田達の方に移動)、牧の背をなめて、台詞のある町田、的矢のバストショット、ラストは二人の切り返しのグループショット。エスタブリッシュショット(注五)から寄りへ、そしてまた引きへ。飯島の正攻法の演出は心地よい。

(注四)『ウルトラQ』第十九話。脚本・金城哲夫、千束北男、監督・飯島敏宏、特技監督・有川貞昌。

(注五)そのシーンの状況やキャストの配置を説明するためのカットのこと。

画面は一転して、小海線（八ヶ岳高原鉄道）を疾走する蒸気機関車（C56）を、正面からとらえた俯瞰ショットとなる。次はまるで映画を思わせるロングショット。八ヶ岳連峰を望み、画面センターやや上を、上手から下手にC56が走っていく。ここに『男はつらいよ』を思わせる牧歌的な音楽がかぶり（注六）、次いでリンゴを手にした健一少年（高野浩幸）が、C56を追いかける牧場での移動カット。この三ショットで、視聴者を一気に「霧の童話」の舞台に誘い込む。

賛成派の青年徹が、水害や土砂崩れは、祟りなどではなく、対策がなされていないせいだと、村の伝説を否定するカットも素晴らしい。自転車を押す村の駐在を、三沢運転のSRI車がついていく。助手席の窓から徹が半身乗り出して、落ち武者の呪いを否定する台詞を吐く。画面は、自転車と車の動きに合わせて、上手から下手にゆっくりとパン。バックは鎮守の森で、神社や本殿に続く坂道に子供達を配し、台詞のみで進行するカットに、躍動感を与えている。ここも映画を思わせるショットである。いかにもじっくり狙って撮ったかのような雰囲気だが、現場は日にちが少なくて大変だったという。

飯島　手帳には〝十月九日、怪奇打合せ、藤川、上原〟と書いていますね。これが「オヤスミナサイ」と「霧の童話」の始まりです。本来は七日に設定したんだけど、〝藤川がNGで中止〟って書いています。それで十四日にロケハンに出ています。これは高遠と八ヶ岳。「霧の童話」は高遠のロケです。十一月の六日、朝に高遠に向けて出発して、わずか三日で撮っていますよ。

（注六）音楽の玉木宏樹は、音楽監督としてクレジットされている山本直純の弟子であった。『男はつらいよ』の主題歌は、歌メロの部分は山本の作だが、イントロなど、編曲を行ったのは玉木である。

これは早撮りですね（笑）。つまり十一月の高遠だから、日が陰るのが早いんです。それでも次の八ヶ岳は、ホテルのタイアップが決まっていますから、どんなことがあっても撮り上げなきゃいけなかったんですよ。

「霧の童話」のラストは衝撃的だ。犯人達が逮捕され、SRIは帰京する。するとさおりが、鬼野村が鉄砲水に飲み込まれ、全滅したと一同に告げる。高速道路建設のため、山を崩していたため、地盤がゆるくなって、山津波が発生したのだ。

完成作品では、水落としを使った山津波の特撮シーン（開巻と同様、モノクロをセピア色に着色している）に、小学校での子供達の演奏シーン、村の地蔵、農作業の風景などがカットインされている。しかもBGMは、小学生達が演奏していた〝おもちゃのシンフォニー〟である。つまり画面とコントラプンクトすることで、二度と戻らないあの風景を強調しているのだ（注七）。

飯島　田舎の子供達の鼓笛隊の演奏を見ているうちに、ここが洪水で流されていくというイメージがどんどんふくらんでいったんです。錦秋というのかな、秋の紅葉の美しい中に、木造の、典型的な田舎の小学校がある。その中に溶け込んで撮っているうちに出来上がった構成とコンテですよ、あのシーンは。それで編集の時に、特撮シーンとカットバックして入れ込んだんです。あの頃は東名高速の工事が行われていてね、環境破壊みたいな問題をああいうふうに

（注七）
『横溝正史シリーズII』（七八年四月八日～十月二八日）の幕開けは、古谷一行、荻島進一が主人公を演じた『八つ墓村』だった。原作ではハッピーエンドなのだが、このバージョンのラストは、八つ墓村が台風による氾濫で全滅する。「霧の童話」からの影響は不明だが、興味深い。

表現してみたんですよ。自分でも気に入っているシーンですが、橋本さんには「青臭い」と言われてしまってね。

橋本　そんな失礼なことを言ったかなあ（笑）。でも、あれはいい作品にまとまりましたね。ホンを読んだときは、そこまでとは思わなかったんですが、『怪奇大作戦』のベスト三に入りますよ。

江戸川乱歩的世界の構築を目指し、飯島流のエンターテインメントで突っ走った「壁ぬけ男」、横溝正史から発想し、沖縄問題を暗示するテーマを盛り込んだ「霧の童話」。この二作を比べてみると、上原の作家としての成長が著しい。この時、上原正三は作家として独り立ちしたのではないだろうか。

上原　それまでは金城の後追いで、いわば亜流だったんだけど、『怪奇大作戦』をやってみて、こんなことをやってもいいんだ、という手応えがあった。それはやはり橋本洋二の存在が大きいよね。

橋本　ウエショーが、ああいうふうになれる素質は元々あったと思うんです。『怪奇大作戦』の後、『柔道一直線』で佐々木守と一緒にやったでしょう。あれでずいぶん鍛えられましたね。

『怪奇大作戦』一クール目の制作は、金城哲夫、円谷一コンビの不調と退場という異常事態から始まり、上原正三という作家の誕生で締めくくられた。そしてそれが金城と上原のその後の人生に大きく影響することになる。

それにしても気になることが一つある。それは健一少年と、彼が連れていた赤目という山羊、その姿が、上原の小説『キジムナーKids』に登場するべーグァとメェ助の姿にダブるのだ。同作は、齢八〇を迎えた上原が、みずからの子供時代をモデルに書き上げた二作目の小説だ（注八）。ハナー、バブジロー、ポーポー、べーグァ。サンデーという主人公達が、戦中、戦後を通じて、時には打ちひしがれながらも、たくましく生きていく姿を活写した名作だ。

小説は、子供達と彼等を取り巻く沖縄の人々を、十九のエピソードに分けて描いている。その中で、筆者の心を強く打ったのが〝べーグァとメェ助〟という章だ。

父を船の事故で亡くし、今はおじいの家に引き取られている少年べーグァは、子山羊のメェ助と兄弟のように仲良く暮らしている。しかし沖縄戦が、べーグァとその家族、そしてメェ助の運命を変えてしまうという話だ。

「霧の童話」の健一の父も事故死している。健一一家を支えているのは祖父の平八だ。平八が健一を可愛がっているように、おじいもまた、べーグァを愛している。筆者にはこのエピソードが、戦中の「霧の童話」に思えて仕方がなかった。そこで上原に尋ねてみた。

（注八）現代書館刊。二〇一八年、坪田譲治文学賞受賞。

上原　「霧の童話」の少年とダブるのであれば、僕の記憶の中にベーグァが存在するということだろうね。

第三部

怪奇と幻想の彼方に

第二クール、波乱のスタート

一九六八（昭和四三）年十月に入ると、円谷プロは人事のごたごた、慢性的赤字体質による経営悪化と、会社は内部から軋みだしていた。悪いことにこの月、『怪奇大作戦』は予定通り二クールでの終了が決まり、深刻さに追い打ちをかけた。栄光の梁山泊に、落日の日々が訪れようとしていたのである。例によって円谷英二の日記から、当時の状況を考察していこう。

10月9日水曜日　天候曇　十時半、検定に行く。〝MJ〟15話（引用者注・『戦え！マイティジャック』のこと）だったと思う。前回はタコが出現したが視聴率はまた低下したという。わけがわからない。今度のは、「ミイラ」も現れている（注一）、一寸、ウルトラ・セブン（原文ママ）のような、話になってしまっている。なんとも、おかしな気がする。プロに帰って、制作部でなにかと打合せをする。和田、末安の両名は本社、柴山氏に招かれて行ったとの事なり　夜両名訪ねてくる。末安君の進退伺いみたいなものも持ってくる。

10月12日土曜日　天候晴　午後はプロで会ギを開く　議題の第一は赤字を負って、当面この正月を如何に越すかが重要議題となる。其の他思い切った議案を開陳する。

（注一）「タコ」とは第十四話「炎の海を乗り越えろ！」（脚本・市川森一、監督・土屋啓之助、特殊技術・有川貞昌）のこと。「ミイラ」は第十五話「死人の館に突進せよ！」（脚本・藤川桂介、監督・土屋啓之助、特殊技術・有川貞昌）のこと。登場するミイラはケロニアの改造。

市川利明の後を受け、円谷プロの二代目支配人として会社を取り仕切っていた末安昌美も市川と同様、東宝からの出向組だ。英二の日記を読む限り、取締役の柴山胖との間に軋轢があったようだが、退社を決意した真意はわからない。なお〝和田〟とは、六八年十二月六日の円谷プロ役員構成に、取締役と記された和田治式であろう。

飯島組が二本持ちで高遠、八ヶ岳ロケに出発した十一月六日、円谷プロ内では、社内の体制について動きがあった。そしてTBSとの新企画も暗礁に乗り上げようとしていた。

11月6日水曜日 天候雨　午後五時、プロに戻り責任者を集めて、新体制の意見を皆に話す。決して自信満々の策ではないかも知れないが　兎にも角にも腐れきった今までの空気を一掃することが、必要なので、今後も改善するとしても、現在を少しでも改めておくことが肝要であると考える。兎に角皆も了承してくれる。

11月7日木曜日 天候晴　夕刻よりプロにて、金城君よりTBS新企画の件を協議する。全く楽観を許さない情勢らしい。新しく局開拓することも考えるべきである。

11月13日水曜日 天候晴　午后七時一寸前藤本専ムとマンションで逢い　プロの今後のことについて語り合う。言いたいこと藤本氏に叩きつけたとは云えまだまだ云いたりないことばかりだが

11月14日木曜日 天候晴　朝起きるとすぐ藤本さん宛に手紙を書く。よほど気がかりなので昨夜は三度も目が瞠めた位だった。一とも相談し、今日、大阪に出発予定の金城、守田、皐と三人にも大阪での所用が済み次第帰京するように話して置く。

11月15日金曜日 天候晴　昨日、大阪に行った皐、金城、守田の三人が予定より早く帰京したので今晩会合の時間を繰上げ六時から協議をはじめる　幹部級十二名、魚金が会場となる大阪の武田薬品側の意向はプロに好意的との事だが、何か他の企画を一本提出してくれといった提案があったとか　プロ再建案としては、第一にかねがね不満となっていた自主経営として自力再建にいう説にまとまる（原文ママ）。大変な仕事だと思うが禍転じて福となるという事にしたいものである。

〝藤本専ム〟とは、東宝専務であり、プロデューサーの藤本真澄《さねずみ》のことだ。藤本は、円谷プロに東宝資本が入り、本格的な制作プロダクションとして再出発した六四年三月三〇日から同プロの取締役に名を連ねている。英二と藤本の話し合いは、十一月十五日の日記に記された通り、東宝から独立して自主経営、自力再建の道を取りたい、ということだったのだろう。しかし円谷プロが東宝傘下を離れるのは、はるか先、九二年まで待たねばならなかった。
また、十四日の日記からは、末安に代わり、『怪奇大作戦』のプロデューサーとなった守田康司が、制作部のトップ（制作主任）に就任したことがうかがえる。そして守田は、円谷プロ内の改革に乗り出す。

守田　円谷がこう（傾く意）なってきた一時期、僕は厳しく締めたことがあるんですよ。スポーツ新聞なんか4社も5社も取っているんです。それでみんな玄関に捨ててあるから「新聞は一切取るな」と言ったことがあるんですね。そういうことがプロダクションを駄目にするんだと。「読むんなら、1つの新聞でいい。後知りたかったらよそに行って聞けばいいじゃないか」と。それと昔は、伝票持っていけば何でも買えるという仕掛けになっていたんですよ。それって割高になるんですね。だから駄目って、野口君と全部切っちゃったわけだ。体質がガクって変わっちゃったわけですよね。かなり憎まれましたけどね。会社的には、よかったと思うんですよね。3代目襲名の部長の僕としては悩んだねえ。僕と末安（昌美）支配人は、激動する円谷プロの改革の一番大変な時代を支えてきたと言っても過言じゃないと思うよ。（『怪奇大作戦大全』守田康司インタビューより）

十一月十四日、大阪に出発した守田、円谷皐、金城の三人は翌十五日、『怪奇大作戦』のスポンサーであった武田薬品工業を、ＴＢＳと代理店の宣弘社への事前相談なしに訪問している。このことは大問題となった。英二の日記を引用する。

11月16日土曜日　天候晴　昨日大阪の武田薬品を訪問したことについてTBSに守田君が挨拶に行ったが　それについての報告を今夜家で聞く、TBSの橋本君が明らかに不快な表情をしたという。二人の判断では（引用者注・どの二人の判断かは不明）この際は、円谷プロを休止にさせたい考えらしい。との事（原文ママ）。いよいよ重大時局。

11月19日火曜日　天候晴　定刻後編集していると、金城君が来る（引用者注・この頃英二は、『緯度0大作戦』を撮影中であった）。TBSから電話があり、支配人を寄こせとの事だという。橋本君が、余程、武田に挨拶に行ったことにこだわっているらしいとの事、プロをボイコットすることに絶対な、口実を与えたと思うといささか当方にも手抜かりはある。止む得ないことだと思う　TV映画製作の厳しさを散々身にしみ。嫌だと思う（原文ママ）。いささか落目なことだらけで暗澹となる。

確かに、局や代理店に話を通さず、制作会社が直接スポンサーに会うというのは問題である。橋本が怒るのも無理はない。

橋本　それはルール違反ですね。うちの営業なんか真っ赤になって怒っていましたよ。スポンサーにしてみれば、制作会社のプロデューサーと会えば「お世話になっております」と挨拶を返すしかないですからね。

〝円谷プロを休止にさせたい考え〟〝プロをボイコット〟というのは、かなりショッキングな書き込みである。それは英二がそういう雰囲気を感じただけのことなのか、TBS（もしくはスポンサーサイド）の意向なのか、日記の記述からはわからない。ただ言えるのは、怪獣ブームの終焉、続く『怪奇大作戦』も思ったような数字を上げられないし、スポンサー側の評判も今ひとつである。さらには『マイティジャック』の失敗もある。円谷プロの作品は金がかかる。その割には見合った成果を上げていない、といった様々な要因がTBS内での評価を下げていたのだろう。

円谷皐と鍋田紘亮の共著『円谷皐 ウルトラマンを語る』（中経出版刊）では、当時、円谷プロに対するTBSの雰囲気を以下のように伝えている。

「ウルトラセブン」が終了すると、その直後、今度はフジレビで「マイティジャック」が放映されることになったという経緯は、すでに前章で述べた。（中略）ところが大人も楽しめるものという欲張った企画だったために、かえって視聴者を絞りきれず、子供たちからも敬遠され、結局、必ずしも成功とはいえない結果となって終わった。

「ウルトラセブン」の後番組としてスタートした怪奇犯罪ドラマ「怪奇大作戦」も、期待された割には視聴率がとれないで終了してしまう。（中略）テレビ局のなかで、次第に「宇宙ものや怪獣ものは、もう終わりだねえ」と、口に出して言うスタッフも珍しくなくなる。

「金をかけても円谷プロではいいものはできないよ」といった声さえ、ときどき耳にするようになってしまう。

この文章だけでは、局内の声は『怪奇大作戦』終了後のものに思えるかも知れない。しかし前後の文脈から、これは『マイティジャック』の失敗、『怪奇大作戦』が放送中の辺りの雰囲気だということがわかる。

次期企画がなかなかまとまらない焦りがそうさせたのかも知れないが、テレビ映画制作の経験を積み、テレビ界のルールをすでに熟知しているはずの円谷プロが、なぜスポンサー訪問をしてしまったのかは謎である。いずれにせよ結果的に、意図とは正反対の結果を招いてしまったのである。

『怪奇大作戦』第二クールは、こうした波乱の中、スタートしたのであった。

シリーズ初の純粋ミステリー

『怪奇大作戦』第二クールは、スタッフ的にも、仲木繁夫、石堂淑朗、田辺虎男、山浦弘靖という新たなスタッフが参加、会社の内情の影響を受けた作品もあったが、そんな中でも「かまいたち」「果てしなき暴走」「呪いの壺」「京都買います」というシリーズを代表する傑作、それに最大の異色作と言える「ゆきおんな」を生む。

その先陣を切ったのが、「霧の童話」と同時撮影の「オヤスミナサイ」だ。監督は飯島敏宏、脚本は飯島とは大学時代からの付き合いである藤川桂介。飯島敏宏はDVD版『怪奇大作戦』の映像特典で〝怪奇ものはあまり得意な分野ではないので、ちょっと構えて作品に入った〟という旨の証言をしている。その結果が、江戸川乱歩的世界の再構築「壁ぬけ男」であり、横溝正史を発想の源泉とする「霧の童話」だった。しかし「オヤスミナサイ」は、シリーズ唯一といえる純粋ミステリーである。飯島は慶應大学文学部英文学科に在籍していた時代、ペーパーバックでミッキー・スピレイン、ウイリアム・アイリッシュなど、アメリカのミステリー作家の作品に接していた。そのときの経験が、大ヒット番組『月曜日の男』で活かされているし、藍立愁《あいりっしゅう》というアイリッシュをもじったペンネームで、番組の脚本も執筆していた。

晩秋の高原ヒュッテ、そこではダイオード研究のため、アメリカに旅立とうとしている志田竜夫と婚約者のユキが、二人だけのキャンドルパーティを開いていた。しかしユキがふざけて放ったインディアンの羽根飾りが竜夫の胸に突き刺さり、彼は絶命してしまった。

そこへ嵐に遇った牧が、雨宿りを乞いに来る。慌てて竜夫の死体を冷蔵庫に隠したユキは、牧を自分の部屋に近い四号室に案内する。疲れていたせいか牧はすぐ眠りに落ちたが、夢の中で竜夫と争い、絞殺してしまう。

目覚めた牧は、浴槽で竜夫の死体を発見する。あれは夢ではなかったのだ！　しかし死体を見たユキは、竜夫は自分が殺したという。

不可能犯罪的な魅力を持つ「オヤスミナサイ」は、睡眠学習機を使い、弟を殺した双子の兄が、被害者になりすますという一人二役のトリックを使った作品だ。ロケ地は、八ヶ岳高原ヒュッテという西洋館。そのせいか、ヨーロッパ映画の香りすら漂うミステリー編である。そして本作は、複数の海外ミステリー映画へのオマージュに満ちているように見える。自分が殺人犯だと思い込む主人公は『白い恐怖』、一人二役のトリックは『めまい』、愛する者の裏切りと、浴槽を使った殺人は『悪魔のような女』、催眠誘導は『悪魔のようなあなた』といった具合にだ（注二）。事実飯島は、『悪魔のような女』からの影響を認めている。

飯島　「オヤスミナサイ」は、『悪魔のような女』ですね。それこそクルーゾータッチというか、密室ものの典型ですね。これも『怪奇大作戦』本来の路線から外れていますが、脚本に関してあまり橋本さんと打ち合わせしたことはないんですよ。ノータッチということはありませんが、橋本さんにしても、あいつに任せておけばいいや、あいつの世界だから、みたいなところがあったんじゃないでしょうか。

「オヤスミナサイ」は、準備稿と決定稿の存在が確認されている。印刷日はそれぞれ一九六八（昭和四三）年十月二三日と三一日。実はこの二本の内容には大きな違いがある。つまり「霧の童話」同様、大直しが行われたのである。山道で迷って、牧が一夜の宿を乞いに来るのは変わらないが、ユキに殺される（と思わせる）のは志田竜夫ではなく、篠原信夫

（注二）
『白い恐怖』四五年、原作・フランシス・ビーディング、脚本・ベン・ヘクト、アンガス・マクファイル、監督・アルフレッド・ヒッチコック、日本公開は五一年十一月二三日。

『めまい』五八年、原作・ボワロー＆ナルスジャック、脚本・アレック・コペル、サミュエル・テイラー、監督・アルフレッド・ヒッチコック、日本公開は五八年十月二六日。

『悪魔のような女』五五年、原作・ボワロー＆ナルスジャック、脚本・ジェローム・ジェロミニ、アンリ＝ジョルジュ・クルーゾー、監督・アンリ＝ジョルジュ・クルーゾー、日本公開は五五年七月二六日。

『悪魔のようなあなた』六七年、原作・ルイ・C・トーマス、脚本・ジュリアン・デュヴィヴィエ、ローラン・ジロー、ジャン・ボルバリ、監督・ジュリアン・デュ

という名だ。しかもユキは正気ではなく、信夫とは恋人同士ではない。ユキは圧ダイオードの研究でアメリカに留学することになった信夫（この設定は、決定稿も同様）を殺し、冷蔵庫に閉じ込める。彼女は信夫をいつまでも自分の側に置いておきたいと感じ、一夜の宿を求めに来た牧にも同じ思いを持つ。つまりユキは、『ミザリー』の少女版のような設定で、当時の映画だと『何がジェーンに起ったか?』や『危険がいっぱい』の影響が感じられる（注二）。出来の良い兄が弟を殺し、弟になりすます一人二役の基本トリック、睡眠学習のトリックと、ユキのキャラクター設定がマッチしておらず、ドラマを入り組んだものにしてしまっている。また準備稿では、信夫を殺す夢を見るのは、たまたま睡眠学習装置の仕掛けてある部屋に泊まった誰か、という設定で、精神を病んでいるユキを犯人に仕立て上げるつもりはない。

ラストは、高原ヒュッテのホールで、ユキが幻のパートナーとともにダンスを踊るというシーン。

45　高原ヒュッテのホール

テーブルに料理を運び終るユキ。

ユキ「先生も、兄さん（引用者注・牧のこと）も、何処へもいかないわ。いつまでもユキと一緒よ。そうでしょう? さ、踊りましょう」

誰れもいない椅子から、パートナーを誘い出すと、ハミングしながら踊り出す。

ヴィヴィエ、日本公開は六八年五月四日。

（注二）
『ミザリー』九〇年、原作・スティーブン・キング、脚本・ウィリアム・ゴールドマン、監督・ロブ・ライナー、日本公開は九一年二月十六日。
『何がジェーンに起ったか?』六二年、原作・ヘンリー・ファレル、脚本・ルーカス・ヘラー、監督・ロバート・アルドリッチ、日本公開は六三年四月二七日。
『危険がいっぱい』六四年、原作・デイ・キーン、脚本・ルネ・クレマン、パスカル・ジャルダン、チャールズ・ウィリアムズ、監督・ルネ・クレマン、日本公開は六四年六月十三日。

ユキの夢の中にあるパーティは、華やかに展開して行く。
いつまでも、いつまでも――

恐るべきファンタジーともいえるシーンで、藤川は「オヤスミナサイ」を締めくくるが、正直、ミステリー部分のドラマとは乖離した、異質なシークエンスだ。つまり準備稿は、ユキと犯罪部分のドラマが、木に竹をついだような肌触りの作品なのだ。

おそらく、決定稿には飯島の意見がかなり入っているのだろう。結果、決定稿は、劇中さおりが口にする「愛の不毛の時代」の物語となった。竜夫は、己の栄達のためには、愛する婚約者すら殺人犯に仕立て上げようとする。つまり、ユキを被害者側に設定することで、ミステリー部分との乖離を解消している。こうして「オヤスミナサイ」は、かなりストレートなミステリー作品に生まれ変わった。

しかしその決定稿も、ネタばらしのシーンは、かなり説明不足だ。以下、脚本から牧のモノローグを採録する。

牧の声　「矢に当たって死んだと見せかけた貴様は、ユキさんが玄関へ俺を迎えに行っている間に冷蔵庫から抜け出て納屋へ行き、隠しておいた弟さんの死体を持ち出して風呂場に行ったんだ。勿論、この前に、弟さんの髭はそってあった。俺が死体を発見した時、妙に髭の剃りあとが青かったよ。

そういえば、俺が靴を脱いでいる時、奥で水音がした。貴様は、死体を風呂場へ放り込むと、俺達と入れ違いに階段を駆け上がり、二階のベランダから逃げて行ったんだ。あの時、扉が開いていたのは、その所為だったのさ。それからは、俺の寝るのを待つだけだ。睡眠学習を利用して、貴様がやったと同じ方法で俺に夢で殺しをやらせたように演出したんだ。

弟は東京で殺しをやって高原ホテルに逃げ込んできたのだ。そして竜夫に高飛びするための金を出せとせびる。しかし竜夫が断ったため逆上した弟は、兄に飛びついたのだが、逆に命を落としてしまった。このままでは自分の将来が滅茶苦茶になると思った竜夫は、あらかじめ仕掛けておいた睡眠学習装置で、ユキを殺人犯人に仕立て上げようとした。その後竜夫は、何食わぬ顔で弟になりすましたのである。

しかし妙な話である。竜夫は弟が殺人犯だと知っている。だとしたらそんな人物に入れ替わる必要はないではないか。むしろ睡眠学習装置で、ユキに弟を殺したと思わせる方がいい(冒頭の狂言殺人シーンと、被害者も殺人の手口も違っているが、そこはユキが錯乱状態にあるとでもいえば言い逃れができるだろう)。

そこで完成作品では、弟は、圧ダイオードの開発に成功した兄に金をせびりに来たのだが、竜夫は彼が殺人を犯したとは知らなかったという設定に変更した。以下は、完成作品の牧のモノローグ。

牧の声

「ユキさんを殺人犯に仕立て上げようとしたお前は、ユキさんのインディアン遊びを利用した。ところが……僕が戸を叩いたとき……ユキさんがお前を冷蔵庫に隠してしまったんで……お前はとっさに考えを変えた……。たまたま飛び込んできた僕を……、犯人にしようとしたんだ……。そうすればユキさんが……、口をぬぐって、知らん顔をすると思ったんだろう……。そこで……、お前は一つカケをやった……。冷蔵庫を抜け出すと……、お得意の無接点スイッチ式の装置を四号室に仕掛けたのがそれだ。おそらく……、僕を自分の部屋に近いところへ案内すると踏んだんだ……。ボイラー室に隠しておいた弟さんの死体を風呂場へ運び、髭を落とし、風呂に放り込んだあと……、その手順を睡眠学習のテープに吹き込んだお前は……、僕がベッドに入るのを待つだけだった」

この変更は、飯島自身が行ったのだろう。竜夫が当初の計画を捨て、牧を犯人に仕立て上げる理由、ユキが四号室に牧を案内する理由などは、確かに決定稿よりはスッキリしている。しかし弟の殺人は知らなかったとはいえ、彼になりすますメリットがあったのかどうかの疑問は解消されていない。それに睡眠学習装置をセットしたあと、死体の髭を処理し、殺人の手順をテープに吹き込む時間的余裕などあったのか、という疑問もわく。そこは決定稿通り、弟の髭をあらかじめ剃っておくべきではなかったか。

もっとも、竜夫が弟の髭を剃る合成シーンは素晴らしい。牧のモノローグ、「ボイラー室に隠しておいた」の後から展開されるシーンで、画面上手には竜夫、下手には弟がバスタブに背をもたせるように置かれている。通常、一人二役のシーンは、画面で都合のいいところをマスクで隠し、一度撮影した後に当初マスクしなかった側をマスクし撮影する。それをオプチカル・プリンターで合成するのだが、「オヤスミナサイ」の場合、さらに手の込んだ手法を駆使している。

最初に、二役の佐々木功は、髭を付けて弟を演ずる。その時、カミソリを持った竜夫の手が、弟の髭を剃るが、これは代役の手だ。上手の竜夫は、別撮りで、これは移動マスクで弟の画面に合成している。

カミソリを持った手は一旦、画面の下に消える。次に手が現れたときは、竜夫を演ずる佐々木本人の手。これも移動マスクで、弟の画面に合成してあるが、風呂場のタイルに影が映り込んでいる。これは佐々木の手の移動マスクから作った影なので、手の動きにマッチしている。短いカットなのだが、実に手の込んだ合成シーンを生む辺りが円谷プロらしい。

基地の街と金の卵の犯罪

制作NO．十五「24年目の復讐」、NO．十六「かまいたち」は、ともに上原正三脚本。監督はそれぞれ中堅の鈴木俊継、新人の長野卓だ。二人とも東宝出身というのが面白い。新人監督の場合、いきなり二本持ちでは荷が重いと考えたのか、この二本はスタッフが同じで、監督だけが変わるというスタイルだ。これは「死を呼ぶ電波」「氷の死刑台」と同様である。もっとも鈴木の場合、すでに中堅クラスであるから、この変則的な編成は、新人の長野に、鈴木がお付き合いしたという感じだ。

「24年目の復讐」は、脚本時のタイトルを「水棲人間」という。水棲人間の正体は旧帝国海軍の軍人で、名を木村という。木村は日本人女性と付き合っている米兵を、海に引きずり込んでは殺害していた。それは終戦を知らない狂えるミュータントが、戦後二四年目に始めた復讐だった。

「水棲人間」決定稿の印刷は一九六八（昭和四三）年十一月十二日。準備稿は未発見だが、上原メモにはその存在が示されている。

11月5日（火）PM1より、横須賀シナハン。東名高速150キロ

11月6日（水）「人も」書き、TBS届ける。印刷入れ。

11月7日（木）鈴木組、徹夜で仕上げる。

11月8日（金）TBS、怪奇、「人も」打合せ　AZ　企画会ギ
11月9日（土）当って（原文ママ）、決定稿、タカノに出す。鈴木組　箱組。

11月10日（日）朝から執筆　12時より。2．30～9．　AM5．15終了。

11月11日（月）タクシーで出社。PM1、「水棲人間」決定稿作り、印刷出し。当って、直しやる。


十一月七日の〝徹夜で仕上げる〟とは、「水棲人間」の第一稿を書いたという意味だろう。前日のメモには〝「人も」書き、TBS届ける〟とある。これは『コメットさん』の後番組で、橋本洋二がプロデュースしていた『どんといこうぜ！』という番組のことだ（注一）。無論、円谷プロ制作ではない。この頃上原は、会社には無断で、橋本のプロデュース作品で脚本を書いていたのだ。第二部一七〇頁に十月二八日のメモとして、〝「人も歩けば」構成〟とあるが、それがこの番組のことだ。無論、『怪奇大作戦』における上原の仕事ぶりに感心した橋

（注一）
六九年一月六日～六月三〇日。大映テレビ室制作。上原メモに出てくる〝当って〟も同番組のエピソードタイトルであろう。この番組のそれは「急がば回れ」（脚本・上原正三）、「ヒョウタンからコマ」（脚本・佐々木守）といったように、諺が使用されている。したがって「当たってくだけろ」というタイトルだったのだろう。

本が、自分の担当番組に誘ったのであろう。十一月八日は、「水棲人間」と「人も歩けば」を同時に打ち合わせしている。つまりこの日は、円谷プロ側のプロデューサー、監督は立ち合っておらず、橋本と上原、二人の打ち合わせだったのだろう。

その翌日、箱組みを行っているが、おそらくは八日の打ち合わせで、「水棲人間」の初稿は、大直しする必要が出たのではないだろうか。六日、七日のメモからは、「水棲人間」は箱組もせずに、一気に書き上げたという印象がある。

橋本 ウエショーの偉いところはね、僕が言うことそのままじゃなくて、もう一つ何かをプラスして書き直してくるところです。言った通りに直す人はいくらでもいるんですが、ウエショーは必ず、その通りではない直し方をするんです。この脚本家とは付き合っていけるな、と思いましたね。

「24年目の復讐」は、「霧の童話」同様、基地問題を取り上げた作品である。「霧の童話」は、暗示的に描いただけだったが、本作の舞台は、沖縄と同じ基地の街、横須賀である。戦時中は、敵を〝鬼畜米英〟と差別し、憎んでいた日本人だが、戦後、基地の街ではアメリカ軍相手の店が林立し、若い娘はアメリカ兵と戯れる。たくましいと言えばたくましい、節操がないといいえば節操がない。

そこに二四年前から時が止まってしまった木村という旧帝国海軍の生き残りを出現させることで、上原は沖縄の戦後を、子供番組というフィールドの中で表現しようと試みたのだ。

上原　学生時代、同人誌のシナリオハンティング用に、帰郷するとよくコザ（現・沖縄市）に通っていたんだよ。あの頃は、沖縄問題以外の脚本は書きたくないと思っていたからね。

コザにはセンター通りというのがあって、白人街と黒人街がはっきり分かれていたんだよ。白人街の方は、Ａサイン飲食店といってね、店の入り口にステッカーが貼ってあった。〝この店の女の子は、週に一回検査をしているから安心だ〟という証明。つまり売春をやっているんだね。僕の学生時代は、ベトナム戦争の真っただ中で、夜になると米兵達が大挙繰り出してきて、店は酒池肉林の巷と化すわけだ。店で働いている女達の中には、戦争未亡人もかなりいたんだね。つまり彼女達は、夫を殺した米兵相手に、弾丸ではなく肉弾で戦争を挑んでいたとも言える。つまり戦争は終わったわけではなく、米兵に対する〝怨み〟を胸に、肉体を使った戦争はまだ続いていたという感じが、当時の僕の中にはあったんだね。

横須賀もコザと同じ基地の街。確か鈴木監督もそっちの方の出だって聞いたな。だから意気投合して、コザと横須賀を重ね合わせ、一気に書き上げた記憶がありますよ。

それに沖縄にガマってあるだろう。自然の洞窟なんだけど、それをヒントに、木村が武器や弾薬を埋めた洞窟の中にずっと隠れていて、一人で戦争を始めるというエピソードも書いてあったけれど、長くなるからカットした記憶があるね。

上原の思いがストレートな形で噴出した本作は、「光る通り魔」や「氷の死刑台」から連なる〝変身人間〟路線であるが、肝心の木村は旧帝国海軍の水兵そのままの姿である。上原は水棲人間をどのように表現したかったのだろうか？　脚本上で、水棲人間の姿を描写するシーンは以下だ。

2　岸壁B（夜）
千恵子とジョー、じゃれ合うように走ってくる。
ジョー、千恵子を抱きしめる。
千恵子「……!!（愕然となる）」
奇ッ怪な水棲人間が立っている。

4　岸壁B（昼）
牧、町田、谷口刑事、それに千恵子がいる。
町田と千恵子が向き合って立ち、事件当夜の再現をしている。
牧「その人間は、いや、君の言う通り黒い人間としよう、その黒い人間は、ここに立っていたわけですね？」
千恵子「……（頷く）」

（中略）
牧　「ほんとに人間の姿をしてたんですか？」
千恵子　「（頷き）なんか気味の悪い……」
牧　「アクアラングつけていたんじゃないの？」
千恵子　「（首を振り）素顔よ、あれは」

6　防波堤（夜）
　キヨとウイリーが釣りをしている。
（中略）
　ウイリー、ぐんぐん巻く。
　と、海中から手がのびて来てウイリーの足をつかむ。
　キヨ、懐中電灯を照らす。
　奇ッ怪な顔が出てくる。

8　防波堤（昼）
　牧、海を瞶《みつ》めている。
牧　「……黒い人間、そんなものがいるんだろうか……」

水棲人間を演ずるは怪優天本英世。確かに奇っ怪な顔ではある。この件について、筆者は上原に尋ねたが、水棲人間の姿については監督任せだったようだ。〝奇ッ怪な水棲人間〟〝黒い人間〟〝気味の悪い素顔〟といったキーワードをつなげていけば、怪異な姿に変容した人間という発想が生まれてもいいはずなのだが、画面に登場したのは旧帝国軍人そのままの姿だった。水棲人間木村とは、敵駆逐艦の爆雷攻撃を受け、沈没した潜水艦で生き続けているうち、いつしか水中でも呼吸できるようになった人間なのだが、そのビジュアルはただの薄汚れた軍人で、視聴者に設定を納得させるリアリティを持っていない。一応、ドラマの中では、シリコン膜を通して水中で呼吸できるねずみの実験や、戦時中、アメリカの汽船ポートランド号で起こった奇跡、ニューイングランド沖で暴風のために沈没したが、三週間後、三〇〇フィートの海底に潜ってみると、船室で一人の男が生き続けていた、という怪事件を紹介しているものの、水棲人間の実在を納得させるだけの説得力を持たない。ここは「光る通り魔」のように、肉体を変質させてまで戦争を続けている木村を、納得できるビジュアルで描くべきだったと思う。

本作の弱点はまだある。脚本で、木村は全身に火薬を巻きつけ、アメリカの空母に体当たりして自爆しようとする。それを三沢が銃で撃ち、木村を爆死させる。しかし完成作品では、軍艦に体当たりしようとした木村は、その直前、なぜか自爆してしまう。その理由は、全くわからない。

上原　ラストが変わってしまったのは、脚本家にはどうしようもないことだよね。撮影現場についていくことはできないし、現場の判断ということで納得するしかない。そこが脚本家の弱いところだね。

続く制作NO．十六は、「死を呼ぶ電波」以来の長野卓監督作品。スタッフは鈴木組と変わらず、監督だけが交代するという、変則的な二本持ちで、動機なき殺人という、当時としてはかなりショッキングな題材を描いた作品だ。

真空切断装置を使って、連続殺人を繰り返す青年小野松夫。一見平凡な地方出身の労働者である彼だが、その心の奥底に、人には計り知れない闇があった。

監督デビュー作であった「死を呼ぶ電波」は、先輩である福田純によるアクション指向の脚本を、忠実に映像化しようと腐心している感があったが、それでも時折、視聴者の目を引く鋭いカットがいくつか見受けられた。

本作「かまいたち」は、鈴木清の〝攻め〟のカメラワークを得て、長野の全キャリアを代表する傑作となった。

開巻は、夜、画面下手に踏切のシグナル。フレームの半分以上をしめる赤い点滅が、直後の凶事を暗示する。一人の女が駅を出て、商店街を抜けると途端、淋しい工場地となる。女のバストショット、歩きに付けた移動カット。女は尾けられている雰囲気を感じ、フト振り向く。コンクリート塀に、何者かの影が走る。足早に逃げ去ろうとする女の足元アップ、その付け移動。固定ロングショットで橋のたもとの工場地。女は下手から上手に移動、女の背後、工場のコンクリート塀に、また何者かの影が走る。望遠で、真正面から逃げる女をとらえたフルショット。背後には工場のプラント。ロングショット、橋とバックの煙突が特徴的な工場。上手から女が逃げてくる。下手には裸電球が光る電柱が配置されている。女、橋のほぼ真ん中で倒れる。アップで、地面に落ちる女のハンドバッグ。女、慌てて中身を拾う。犯人の目線を思わせる橋のロングショット（手前にナメ物がある）。バッグの中身を拾う女にズームアップ。女、下手に去る。女の横顔、アップ、風を切るような奇妙な音が聞こえ、後ろ髪が巻きあげられる。女、かすかに悲鳴を上げる。電球のアップ、なぜか突然割れる。橋のロングショット。女は合成されている。移動マスクでバラバラになっていく女の身体。合成で、女の首が飛ぶアップ。一つ前のカット同様、飛散する女の四肢、合成ショット。ポチャンとどぶ川に落ちる女のヒール。エピソードタイトル〝かまいたち〟、油が浮き、下水から流れる汚水で泡が湧いているどぶ川を、カメラはわずかにクレーンダウンした後、上手から下手に移動。キャストのクレジット、流れる。女の手首が流木に乗っている。オープニングの番組タイトルを入れ、ここまで十六カット、ほぼ一分半、長野、鈴木のコンビは、全く無駄のないショットを積み重ね、事件の異常性を強調する。

第二の殺人が発生、一夜明けた現場に、救急車が到着するカットも挑戦的だ。現場に向かう救急車の後部ドアはなぜか開いていて、工場地が後ろに流れていく様が見える。現場に到着した救急車が左折して一旦停車すると、そこは犯行現場、第一の殺人と同じ橋のたもとだ。

警察官の誘導で救急車バックすると、鑑識と警察官が、被害者を乗せた担架を車に乗せる。と、ここまでがワンカット。

実相寺作品を思わせる力業の画作りだが、撮影の鈴木は当時、実相寺の映像に強く影響を受けていたことを認めている。

鈴木　結局僕らは、実相寺（昭雄）さんの画に凄くショックを受けていたでしょう。だから自分だったらこうするっていろいろ実験しているんですよ。オヤジ（円谷英二）さんには「ああいうのは、若い頃必ずかかる病気だ」って言われたんだけど、実相寺さんは一徹でしょう、結局は実相寺ブランドを創り上げてしまった凄い人ですね。（中略）

「かまいたち」の救急車のシーン、理屈から考えたらおかしいんですよね。後ろのドア開けて走っているんだから（笑）。でも理屈じゃないんです。画の力で持っていけばそれでいいという考えです。（『怪奇大作戦大全』鈴木清インタビューより）

「かまいたち」の脚本は、準備稿と決定稿、二種類ある。印刷日はそれぞれ十一月二一日と二三日。この頃上原は、ノリにノっていたのだろう。かなり短いスパンで、決定稿が仕上がっている。

―11月15日（金）PM2、TBS、橋本氏打合せ　魚きんにて緊急総会（引用者注・一八二頁、円

（谷英二の日記参照のこと）　ファニー

11月16日（土）TBS、長野組

11月17日（日）「かまいたち」構成。執筆、10枚まで

11月18日（月）出社、夜、かまいたち、執筆　47でやめる、　5．起床。

11月19日（火）長野組打合せ　かまいたち　夜　TBS・準備稿、印刷入れ。ざくろ、銀座、式部。10．50．帰宅。

11月22日（金）TBS、「かまいたち」橋本氏と打合せ　藤川家で直す。かまいたち、印刷入れ　決定稿。

この頃の上原は、何かというと藤川桂介の家を訪ねている（採録したメモでは、藤川家訪問のくだりは一部カットしている）。脚本家としてはかなり先輩格なのだが、温和な性格の藤川とは、馬が合ったらしい。今回は、決定稿を藤川家で仕上げている。

本作は、カミュの『異邦人』にインスパイアされた作品だ。無論、上原は原作を読んでい

たが、直接的なヒントになったのは、映画版の方だろう（注二）。というのも九月二三日のメモに〝「異邦人」〟と記されているからだ。上原メモには、他にも当時観た映画のタイトルが記されている。

上原　当時の学生は、カミュの不条理とか、サルトルの実存主義とかにかぶれていたからね。映画でいったらゴダールとかね。僕が『異邦人』に興味を持ったのはね、彼がアルジェリアの出身だったから。『異邦人』もアルジェリアが舞台だろう。アルジェリアはフランスの植民地だった、沖縄も日本とアメリカの植民地だった。僕ら琉球人は、そうした沖縄に閉塞感を感じていたんだね。だから当時、『異邦人』に漂う閉塞感に、かなり共感したんだよ。

小野松夫は昭和十九（一九四四）年生まれ。集団就職で田舎から出てきて、今は喜多見の町工場で働いている。社長曰く〝おとなしくて無口、仕事は真面目で、通信教育も受けているいい若者〟である。

彼等のような若者は、高度経済成長のこの時代、〝金の卵〟と呼ばれ重宝された。しかし彼等の多くは、製造業やサービス業といった単純労働を主体とした業種の担い手で、労働環境や生活環境も厳しかった。若くして親元を離れ、慣れない都会での労働と生活は、彼等の心に故郷への郷愁と、孤独感、喪失感を生んでいった。

この六八年、永山則夫による連続ピストル射殺事件が発生している。小野松夫より五歳年

（注二）
『異邦人』六七年、原作・アルベール・カミュ、脚本・スーゾ・チェッキ・ダミーコ、エマニュエル・ロブレー、ジョルジュ・コンション、監督・ルキノ・ヴィスコンティ、日本公開は六八年九月二一日。

下の彼は、六五年三月に上京し、果物屋、牛乳屋、米屋など、職業と住所を転々と変え、六八年十月八日、アメリカ海軍横須賀基地から、ピストルと弾丸を盗み出した後、凶行に及ぶ。逮捕されたのは翌六九年四月七日である。永山もまた、喪失感を抱えた若者であった。

「かまいたち」で、第一の殺人事件後、現場検証をしていた牧は、トラックの中からジッとその様子を見ている男（小野松夫）に気がつく。そして第二の殺人事件後、牧はさおりに、現場に来る人達の写真を撮るよう指示する。さおりが撮った三〇〇枚もの写真を検証した牧は、その中から気になる一枚を見つける。現場を見ている工員達の写真、その中に写っているのは間違いなく、第一の現場で牧が目撃したあの男だ。

牧は松夫の目を見て思う。「……この目は単なる野次馬の目ではない……。笑っている目だ……」

牧は、松夫に自分自身の内面を重ね合わせていく。彼は直感的に松夫が殺人犯だと気がつくが、他の所員にはピンと来ない。なぜ彼が犯人なのか問われた牧は、ためらいながらも答える。

牧　「僕だって、確信があるわけじゃないさ……。ただ、彼を見ていると、何となくそうじゃないかと思えてくるんだ……。真面目で……、おとなしくて……、イタチのようなおどおどした目をしていて……、いつも孤独で……、つまり……、なんて言うのかな……」（完成作品より）

牧にも答えが出ない。「光る通り魔」と同様、それ以上は仮面を脱ぎ捨てて、素顔をさらさなくてはならないから、答えたくても答えられないのかも知れない。しかしそこまで松夫と精神を同化させた結果、工場の裏が抜けていて、どこからでも被害者を狙えるということに気がつき、SRIは松夫を罠にかける作戦に出る。そうとは知らない松夫は、囮のさゆりを真空切断装置で狙い、牧達に取り押さえられる。

上原　ラスト、捕まった松夫は尋問に対し何も答えないよね。僕は大学進学で上京してきたんだけれども、琉球人である僕がヤマトの首都にやって来たとき、何か立ち入ることのできない壁を感じたんだよ。『異邦人』の主人公は、殺人を犯して裁判にかけられる。そのとき、犯行動機を聞かれて、「太陽がまぶしかったから」と答える。小野松夫は何も語らない。それはそれをやったら『異邦人』になってしまうからというのはあるんだけど、自分が犯した罪に対して、自覚も反省もない。まるで他人事なんだ。それは『異邦人』の主人公と変わらない。
　彼等は自分自身を虚無のベールで包むことで、自分を守っている。でも疎外感は残るから、たとえようのないいらだちを感じてしまう。それは琉球人である僕が、五〇年以上抱えているものなんだ。どこまで行っても根無し草というか、よそ者なんだよね。それは変わらない。ちょうど基地沖縄が、何も変わらないようにね。その意味で小野松夫は、僕の分身であると言えるだろうね。

取り調べに対して何も答えない松夫。画面は松夫の単独俯瞰ショットとなる。このカットは、アンバー系に着色されている。カメラはゆっくりと松夫に寄りつつ、クレーンダウンして、彼の正面へと回り込んでいく。そこにダブる牧の声。

牧（声）「真面目で……、おとなしくて……、イタチのようにおどおどした目のこの男が……、どうして……？」（完成作品より）

松夫に回り込んだカメラは、彼の目にズームアップしていく。このとき松夫は下手を向いている。カットが変わり、やはりアンバー系で着色された画面で、今度は上手目線の男の目のアップとなる。ズームバックすると、それは牧であったことがわかる。愕然たる表情を浮かべた牧のショットに、エンドテーマが被る。

松夫に被る牧の声は、脚本にはないものだ。つまり演出段階で、長野が追加した台詞なのだ。劇中、長野は松夫の目の表情をことあるごとにとらえる。それは全て、このラストのために張られた伏線だったのだ。上原にとって、「かまいたち」はもう一つの沖縄問題だったが、長野がその秘めたテーマを理解していたかどうかは疑わしい。むしろ長野は、牧の中にも、いや、どんな人間の中にも狂気が秘められているのを暗示することで、この傑作を締めくくった。

（注一）
監督・小林恒夫、特殊技術・大木淳。

見どころは三沢の独唱!?

制作NO．十七「幻の死神」、十八「死者がささやく」は、東映から招聘された仲木繁夫監督の二本持ち、脚本はそれぞれ田辺虎男と若槻文三。田辺虎男は、『マイティジャック』では横山保郎と共同で、最終回「怪飛行船作戦」を担当している（注二）。映画での代表作は、中村（萬屋）錦之介の一心太助シリーズ第一作『江戸の名物男 一心太助』、三原葉子のバンプな魅力爆発の『女奴隷船』、千葉真一、深作欣二コンビがニュー東映で放った快作シリーズ『ファンキーハットの快男児』『ファンキーハットの快男児 二千万円の腕』、わずか六本の映画しか配給しなかった幻の会社大宝で公開された『大吉ぼんのう鏡』の脚本も担当している。監督の仲木とは、テレビの『白馬童子』でコンビを組んだこともある、いわゆる職人肌の脚本家だ（注二）。

「幻の死神」は、瀬戸内海を舞台に、平家伝説にまつわる白い手の幽霊騒ぎ、巨大亡霊（平家の女官）の出現、東京での宝石盗難事件、謎の男女の出現、海上でのアクションと、B級映画のガジェットのみで構成された作品と言っていい（注三）。

大枠としては密輪団がアジトを見破られまいとして、海上に白い手や亡霊を出現させていたというもの。内容的に金城哲夫のプロット「海王奇談」と、トリックの一部に『チャレン

（注二）
『江戸の名物男 一心太助』監督・沢島忠、五八年二月五日公開、東映。

『女奴隷船』原作・舟崎淳、監督・小野田嘉幹、六〇年一月三日公開、新東宝。

『ファンキーハットの快男児』脚本・田辺虎男、池田雄一、六一年八月五日公開、ニュー東映。

『ファンキーハットの快男児 二千万円の腕』脚本・田辺虎男、池田雄一、六一年九月十三日公開、ニュー東映。

『大吉ぼんのう鏡』原作・寺内大吉、脚本・猪俣勝人、田辺虎男、監督・猪俣勝人、六二年一月三日公開。

『白馬童子』六〇年一月五日～九月二〇日、NET。

（注三）
劇中、白い手を演じた一人は、大野剣友会の岡田勝である。

ジャー』の〝具体的内容メモ〟に記されていた「幽霊を売る男」との類似もある。しかし「海王奇談」と「幻の死神」を比べた場合、後者はストーリーに一本筋が入っておらず、各要素がバラバラの印象を受ける。正直『怪奇大作戦』中、最低のエピソードである。せめてもの見どころは、夜の砂浜で三沢が「浜辺の歌」をフルコーラス歌うシーンだろうか。

当初、本作と二本持ちで用意された脚本は「死者がささやく」ではなく、須川栄三脚本の「伝説の海」だった。脚本の整理NO.（本来の制作NO.）は、「幻の死神」が十九、「伝説の海」が二〇である。なお「水棲人間」は十五、「かまいたち」は十八で、十六、十七が抜けているが、本来ここには、「呪いの壺」（脚本NO.十六）と「消えた仏像」（脚本NO.十七）が入るはずだった。この二本については後述する。

須川栄三は東宝の監督である。デビューは早く、わずか二七歳の時（五八年）、『青春白書大人には分らない』を監督、翌年には大藪春彦原作の『野獣死すべし』を監督、ハードボイルドタッチの演出が注目を集めた。その後も、本格的ミュージカル映画『君も出世ができる』、松本清張原作の見事な映画化『けものみち』、日本に珍しいシニカルなミュージカル風コメディ『日本一の裏切り男』、木村大作捨て身のカメラワークが光る『野獣狩り』と、傑作、話題作を提供する。晩年の『螢川』『飛ぶ夢をしばらく見ない』も話題となった。脚本家としても優秀で、今ではカルト的人気を持つ『警視K』にも参加した（注四）。

「伝説の海」では、海上に平家の亡霊（老僧）が、陸上には巨大なカブトガニが出現する。海上に現れる平家の亡霊や、平家の呪いというキーワードが「幻の死神」と共通する。亡霊

（注四）
『青春白書 大人には分らない』脚本・須川栄三、森谷司郎、五八年十一月十一日公開。

『野獣死すべし』脚本、白坂依志夫、五九年六月九日公開。

『君も出世ができる』脚本・笠原良三、井手俊郎、六四年五月三〇日公開。

『けものみち』脚本・白坂依志夫、須川栄三、六五年九月五日公開。

『日本一の裏切り男』脚本・早坂暁、佐々木守、六八年十一月二日公開。

『野獣狩り』原作／脚本・松山善三、西沢浩、七三年十一月十七日公開。

『螢川』原作・宮本輝、脚本・中岡京平、須川栄三、特技監督・川北紘一、八七年二月二一日公開、松竹。

『飛ぶ夢をしばらく見ない』原作・山田太一、脚本・須川栄三、九〇年十一月十七日公開、松竹。

『警視K』八〇年十月

やカブトガニの正体は、旧帝国陸軍が開発したオプチカル・ガスを使い、実際の物を巨大に見せるというトリックで、作品としての完成度は、こちらの方がはるかに上だ（というより「幻の死神」が低すぎるのだが）。

決定稿まで執筆された本作がキャンセルされた理由は、「幻の死神」と類似点が多すぎるということもあろうが、もう一つポイントがあったように思う。実際、守田康司は、筆者とのインタビューで「カブトガニのヌイグルミを発注するつもりだった」と語った（注五）。設定の類似点は類似点として、守田得意の〝タイアップ大作戦〟で、瀬戸内海で手際よくロケを済まそうという発想だったのだろうし、そのための仲木の起用であろう。

ではなぜキャンセルされたのか。それを知るために、「呪いの壺」「消えた仏像」「幻の死神」「伝説の海」そして「死者がささやく」の脚本印刷時期から検証してみよう。

「呪いの壺」（準備稿）十一月十五日、「消えた仏像」（準備稿）十一月十九日、「呪いの壺」（決定稿）十一月二五日、「幻の死神」（準備稿）、「伝説の海」（準備稿）十一月二六日、「消えた仏像」（決定稿）、「幻の死神」（決定稿）十一月二七日、「幻の死神」（改訂稿）、「伝説の海」（決定稿）十一月三〇日、「死者がささやく」（決定稿）十二月四日、「死者がささやく」（準備稿）十二月十二日、「死者がささやく」（決定稿）十二月十四日（十二月四日に、いきなり決定稿が印刷されているが、これは第一準備稿だろう）。

「呪いの壺」と「消えた仏像」（「京都買います」）は、京都を舞台にした地方ロケ編だ。実際に制作されたのはシリーズ終盤であるが、その理由はタイアップが上手く取れなかったこ

七日〜十二月三〇日、NTV。

（注五）『怪奇大作戦大全』時のインタビューだが、本編では文字数の関係で、カットした。

とが原因だった（後述）。つまりこの二本は途中まで制作準備が行われていたのだ。しかし京都編は一旦キャンセルになってしまい、「幻の死神」と「伝説の海」の制作が繰り上がったのだ。となるとスケジュールが圧迫されるので、守田としては「幻の死神」よりも手間がかかる（制作費も同様）「伝説の海」を切った、ということなのではなかろうか。あるいは制作が繰り上がってしまったため、タイアップ先との関係で、当初予定していた撮影日数が確保出来なくなったのかも知れない。そのせいか、「死者がささやく」の舞台は瀬戸内海ではなく伊豆で、タイアップ先は熱川である。つまりロケ隊は、伊豆でロケののち西へ向かい、瀬戸内海に出たのだ。

そしてタイアップ先、ロケに出るレギュラーなどの諸条件を飲み、早く、手際よく書けるライターとして若槻文三が呼ばれ、「死者がささやく」を仕上げたのだ。

「死者がささやく」は、「オヤスミナサイ」の元ネタ、『悪魔のような女』『悪魔のようなあなた』のアイディアを再利用している。もっとも「死者がささやく」は、『悪魔のようなあなた』のウエイトが重いのだが、コンパクトに内蔵した小型音声再生装置を使って、主人公に幻影を見せるというトリックは、どうしても「オヤスミナサイ」の二番煎じに見えてしまう。ユニポリエステルという特殊素材を使った指紋の複製というトリックも、面白味に欠ける。

しかしそこはベテランの若槻だけに、ヒッチコック調の巻き込まれ型サスペンス、愛する者の裏切りという要素で脚本を構成しているため、一応最後まで見られる。

「幻の死神」「死者がささやく」は、ともにシリーズとしては異色作、はっきり言えば橋本ラインから外れた作品群だ。実はこの二本は、橋本仕切りではなく、守田仕切りの作品なのである。理由としては、シリーズの予算調整があった。

橋本　円谷プロの赤字のことがあってモリちゃん（守田康司）は、色々気にかけていたんですよ。番組を始めて少し経つと、彼もよくわかってきたから、一緒に飲んだときに、「脚本と監督か、全部仕切ってよ」と言ったんです。それで守田、野口組にやってもらったものはずいぶんありますよ。高橋辰雄さんのもそうだったし。結局は予算のことが大前提としてあるから、モリちゃんの考え方がわかる人が監督に入っているんですね。そうじゃないと、『マイティジャック』に続いて『怪奇大作戦』も参った、となってしまうでしょう。でもなんとかいけたし、モリちゃんもそれなりに頑張ってくれたと思います。

守田　『怪奇大作戦』の実行予算は、大体が400万くらいです。250万くらいでも作れないことないんだけど、それだと作品の質があんまり落ちちゃうからね。まあ、局と騙し合いだよね。飯島氏だとか実相寺氏だとかは、局から幾ら出ているか知っているわけだ。だから全部使っても当たり前だという考えで撮るんですよ。（中略）

子飼いの監督だったら抑えが効くけど、局の監督は抑えが効かないから、みんな逃げ腰になってしまうんですよね。僕はそうは言っても、局から（仕事）頂いているんだからその中で精一杯やるべきじゃないかって。だからバランスをどうしても取るならば、悪いけども監督は、二、三人はこっちで選ばせてもらう。で、来てもらったのは小林（恒夫）さんとか仲木（繁夫）さんとか来てもらったんですね。みんな知った仲だし彼等は職人だから。そこで予算の調整を取ろうと。そうやって帳尻合わせていますから、『怪奇大作戦』自体は赤字出ていないですよ。（『怪奇大作戦大全』守田康司インタビューより）

シリーズ終了に向けて

続く制作NO．十九から二三までは、二本持ちの撮影は行われていない。理由は不明だが、監督は映画界のベテラン一人、以下は円谷プロ〝子飼い〟の監督と、新人が並ぶ。このシフトも、あるいは番組終了に向けての予算調整策だった可能性もある（何しろ予算のかかる京都編が入る）。

制作NO．十九「こうもり男」の脚本は上原正三、監督は「氷の死刑台」以来となる安藤達己。以下、上原メモから脚本の成立を追う。

―――

12月11日（水）TBS、安藤組打合せ。

12月13日（金）自宅執筆、ＰＭ３より企画会ギ。「こうもり男」書きはじめる。

12月14日（土）自宅執筆、午後より出社、
12月16日（月）ＴＢＳ　打合せ　こうもり男、山際氏と　どんとの打合せ。ぼろん亭で安ちゃん（引用者注・安藤達己）とやる。

12月17日（火）「こうもり男」改稿する、仕上げる。完徹になる。

12月18日（水）ＡＭ７．30．印刷出す。昼出社。夜、ＴＢＳ　こうもり、どんと、打合せ　「桔梗屋」橋本、市川。

12月19日（木）会社休む。こうもり男」（原文ママ）決定稿出す

「こうもり男」は、かつて的矢に完全犯罪を見破られた男が、あの手この手を使い、復讐を遂げようとする話だ。犯人の名は岩井勝一郎。茶会の帰り、友人を殺して火を着け、自殺に見せかけた男だ。しかし当時、三鷹署の刑事だった的矢が、灰になった死体を分析した結果他殺と判明し、岩井は獄につながれた。しかし彼は妻の死を知り刑務所を脱獄していた。

復讐の念に燃える彼は小型のジェット噴射機を使って空を飛び、無線操縦のこうもりを使って的矢を追いつめる。自在にこうもりを操るというアイディアは、『トライアン・チーム』『チャレンジャー』に記されていた「吸血こうもり」が源泉だろう。

上原　これは安藤達己監督のために書いたホンだね。これまで僕が書いてきたのは、ちょっと地味だっただろう。だからこの辺で「壁ぬけ男」のような娯楽作品をと考えたんだよ。その意味では壁ぬけ男の兄弟だね（笑）。

これも楽しんで書いたんですが、あとで実相寺（昭雄）監督からお叱りの手紙を頂いた。というのも安藤監督が「テレビは八〇点でいいんだ」と言ったらしいんだよね。それを聞いて実相寺さんが怒って、長い巻紙に筆文字で僕に手紙を送ってきたんだ。「八〇点でいいんだというのはなんということだ。作品は、百点以上を狙ってやっと八〇点行くんだ」とね。実相寺さんらしい手紙なんだけど、なぜ僕に送ってきたのかわからなかったよ（笑）。

的矢個人への復讐という、刑事ものの定番と言える設定のエピソードである。犯人は完全犯罪を狙って見破られたという画に描いたような悪漢で、一筋縄ではいかない犯人達がひしめき合う『怪奇大作戦』にあって、その存在感は今ひとつ希薄だ。せめて、なぜ岩井が殺人を犯したのか、その理由にひと工夫あるなり、妻の死に的矢が関係してくるなりのひねりがあれば、本作の印象は変わったはずである。シリーズに傑作、意欲作を連発してきた上原のラストワークとしては、「こうもり男」はいささか淋しい出来映えだった。

続く制作NO．二〇は、「殺人回路」である。監督はアクション派の福田純。脚本は市川森一と福田の共同で、『恐怖人間』時に検討稿が脱稿している。こちらは市川の単独脚本だが、福田版の「殺人回路」とは別作品のような趣がある。以下、ストーリーを紹介しよう。

××商事（脚本中の表記）の社長室で、強欲な性格の神谷清五郎、その後を継いだ息子で、父の性格を受け継いだ清一が相次いで変死した。二人を殺したのは、社長室に飾ってあったダイアナの画である。飾ってある画から抜け出したダイアナが、弓矢を放って二人を殺したのだ。ダイアナが弓を放つたび矢筒の矢が一本ずつ減っていく。

三沢と牧は、怪死事件の後、××商事で社長室を見張っていたのだが、二人が見ていたモニターがなぜか乱れ、その隙に清一は殺されてしまったのだ。これは大失態であった。

次の日の夜、清一の葬儀に出席した三沢と野村は、洋間の隅に立てかけてあるダイアナの画を見つける。社長室が閉鎖され、荷物が神谷邸へ運び込まれたのだ。そして二人は、神谷家の人間関係を目の当たりにする。

清一の後妻信子は、十五歳も年下の二三歳。継子《ままこ》の一郎は八歳。そんな信子をいびり抜いていたという清一の妹清子。その夫で、××商事常務の谷は、次期社長と噂される男だった。谷に電話だと、家政婦が呼びに来た。谷が別室で電話に出ると、突如部屋の明かりが明滅を繰り返し、不意に消える。闇の中に浮かび上がるダイアナ。彼女の矢は、谷の命までも奪う。そこへやって来た清子も、ダイアナの矢の犠牲になった。

SRIは、この事件は神谷家の資産十億を巡る連続殺人と見ていた。跡継ぎの一郎にもしものことがあったら、遺産は後妻の信子にそっくり入ることになる。信子は、神谷家の元女中である。三沢は教養や家柄を何より鼻にかける家中の者からいじめ抜かれた信子が、重圧に耐え切れなくなった末の犯行と考える。しかし牧は、「たとえ本当の親子でも、憎み合う奴は憎み合う。ママ母だって、可愛い子は可愛いさ」と言って、三沢の考えを一蹴した。

その夜、信子は一郎を連れて軽井沢の別荘に向かっていたが、二人が乗った車の前にダイアナが出現する。後を追って来た三沢のスポーツカーは、急停止した信子の車を避けようとして岩場に乗り上げてしまう。投げ出された三沢は、スポーツカーの爆発から我が身を捨てて一郎をかばう信子の姿を見る。

担ぎ込まれた別荘で、三沢は信子を疑っていたことを詫びた。実は彼も幼い頃に母を失っており、後妻に対して偏見を持っていたのだ。

深夜、別荘に届けられていた画から、またしてもダイアナが抜け出し、ベッドで眠っている信子と一郎を狙った。ダイアナはベッドに矢を放つと、再び画に戻る。

ダイアナを操っていたのは、××商事のコンピュータープログラマー岡だった。その岡を襲うダイアナ。動揺した岡は、ダイアナに向かって犯行を自供してしまう。岡の本名は花岡、父は××商事の社長だったが、神谷一族に会社を乗っ取られ自殺して果てた。岡は神谷家の財産は、皆自分のものだと言い張り、それに手を付けようとする者全員を殺害しようとしていたのだ。

ダイアナが矢を放つ。それは一直線に飛んで、防犯ベルのスイッチを押す。部屋に飛び込んでくる警官隊、そして牧、町田も現れる。ダイアナの正体は、変装したさおりで、全て牧が仕組んだ罠だったのだ。ダイアナは、音声認識でターゲットに矢を放つよう、プログラムされていたのだ。三沢は、信子と一郎の声をあらかじめ録音しておいたテープレコーダーを、ベッドに仕込んでおいた。ダイアナはその声に向かって矢を放ったのだ。信子と一郎は難を逃れ、画の中のダイアナは、矢のない弓を引き、まだ微笑んでいた。


脚本では、コンピューターがダイアナをどうやって操るのか、という点は曖昧にされている。ただ、ある条件下で液状化する特殊金属を、コンピューターがコントロールしているらしいという推測は出来る。

市川森一らしい、家庭内の愛憎劇、母と子の問題が本作のテーマであり、犯人側の描写は、正直取って付けたような印象だ。構成にタイトさを欠くが、準備稿であるし、改稿次第では傑作になる可能性を秘めた脚本だったことは間違いない。

『恐怖人間』時に執筆された三本の作品で、本作だけ映像化が遅れた理由としては、テーマが橋本の狙った犯人側になかったこと、「恐怖のチャンネルNo．5」が先に映像化されてしまったことが考えられる。「恐怖のチャンネルNo．5」も、犯人が偽名を使って仇の懐に入り、復讐を企むという設定だった。

この時期「殺人回路」が復活した理由はわからない。死蔵されていた脚本を福田が読み、自分流に直して撮影しようと思ったのか、守田のアイディアなのか。いずれにしろ「殺人回路」は、福田の手が加わり、全く別作品と言ってもいいほどの変貌を遂げた。改訂台本は決定稿のみが確認されており、印刷は一九六八（昭和四三）年十二月二五日である。

まず会社は神谷商事と命名され、先代社長とのいざこざはカットされた。ドラマの核は、父である社長の神谷清五郎を、息子の清一郎が殺し、会社を我が物にしようとする話に整理された。清一郎はコンピューターを盲信するキャラクターで、岡は彼の指示を受けてダイアナを操る。ダイアナの正体はCRTディスプレイで、プログラムで油絵に見せかけていたという設定。ただ、なぜディスプレイからダイアナが抜け出し、矢を放たれた人間が死ぬのかという点は、全く説明されていない。

つまり、福田版「殺人回路」は、市川版に一見科学的な設定を加えたように見えて、実のところ、当時は魔法の箱扱いだったコンピューターをフィーチャーした現代風怪談なのである。それは福田の初期作品『電送人間』において、肝心要の物質電送装置が、実に曖昧な設定であり、作品的にも空想科学スリラーの域を出なかったことと似ている。この改訂に、市川は露骨な嫌悪感を示した。

市川　「殺人回路」の基本の発想は、『ドリアングレイの肖像』です（注一）。絵がだんだん

（注一）
『ドリアン・グレイの肖像』はオスカー・ワイルドの作で、唯一の長編。
美青年ドリアン・グレイは、いつまで経っても若さを失わないが、その代わり、肖像画の方の彼が醜く年を取っていく。

変わっていくというようなところですね。これはとても乗って書いたんだけど、福田純監督にいじくられてとても不快な思いをした記憶がありますね。監督にいじられるという習慣を、僕はそれまで若造のくせに持っていなかったわけ。つまり円谷プロにはそういった習慣がなかったんです。それは円谷英二さんがそうだったんですよね。監督というのは、脚本にある種敬意を持っていた。『コメットさん』でも山際永三とかちゃんとした監督達はね。ただ映画の監督は、当然のように自分も脚本に参画するという、まあ、そうじゃない人もいるだろうけども。福田さんにしてみれば僕は本当にぺーぺーのライターだから「俺が指導してよくしてやろう。育ててやろう」というお気持ちだったのかも知れないけど（笑）。こっちにとっては非常に改悪されたという印象があってね、もうこの監督とは2度とヤダ（笑）TBSがいってきても絶対断ろうという、そういう固い決意をした思い出がありますね。僕が一番力入れて書いて、一番失望したのが「殺人回路」なんですよ。（『怪奇大作戦大全』市川森一インタビューより）

「殺人回路」は、傑作になる可能性がありながら、不幸な改稿作業により、標準作に留まってしまった。しかし福田の、いわゆる東宝的な、垢抜けたテンポのいい演出スタイルが楽しめるし、佐川和夫によるダイアナの特撮も完成度が高い。

ダイアナを演じたのは、キャシー・ホーラン。『宇宙大怪獣ギララ』『吸血鬼ゴケミドロ』『昆虫大戦争』『ガンマー第3号 宇宙大作戦』（注二）といった作品に出演している。敵役の清一

（注二）
『吸血鬼ゴケミドロ』脚本・高久進、小林久三、監督・佐藤肇、六八年八月十四日公開、松竹。『昆虫大戦争』脚本・高久進、監督・二本松嘉瑞、六八年十一月九日公開、松竹。『ガンマー第3号 宇宙大作戦』脚本・金子武郎、トム・ロー、監督・深作欣二、田口勝彦、六八年十二月十九日公開、東映。

郎を平田昭彦が演じていることもあり、「殺人回路」は、特撮ファン的には見どころの多い作品かも知れない。

制作NO．二一は、シリーズで唯一、市川森一単独脚本の「果てしなき暴走」だ。監督は鈴木俊継。本作がシリーズ三本目の監督作品であり、氏のベストワークである。車の排気ガスに一種の神経ガスを混入させ、それを吸ったドライバーを錯乱状態にし、交通事故を誘発する何者かの犯罪。「果てしなき暴走」の背景には、交通戦争と呼ばれた当時の状況がある。交通戦争とは、昭和三〇年代以降、交通事故の年間死者数が日清戦争における日本側の戦死者数を上回る勢いであったことから名づけられた。つまり、一種の戦争状態にあると見なされたのである。『怪奇大作戦』が放送されていた六八～六九年は、交通事故死者数がピークに向かっていた時期である。

市川は交通戦争を背景にしながらも、それをテーマとして声高に歌い上げない。その姿勢はあたかも橋本ラインに挑戦しているかのようである。そして市川は『怪奇大作戦』を、一種のファンタジーと考えていたようである。

「果てしなき暴走」の主な登場人物は二組。神経ガスを撒き散らしていた眉村ユミという歌手とマネージャー、三沢が運転していたトータス（ＳＲＩ専用車）を奪って逃走するフーテンカップルである。彼等（マネージャーは別にして）に共通するのは、現実感覚の乏しさである。

売れっ子歌手のユミは、ペロペロキャンディをなめている、マネージャーに言わせれば「まだほんの子供」で、聞き込みにやって来た三沢が話しかけても砂遊びに興じたままだ。

フーテンカップルの方は、後先を考えず、ただその場のノリだけでトータスを奪い、童謡を歌い続ける。男などは「僕達ねえ、この車で心中すんだよ」などとうそぶく。あげくの果て、ユミの車から発せられた神経ガスを吸いトータスを暴走させた男は、女子大生をひき殺してしまう。しかし悪びれる様子は全くなく、現場検証でも薄笑いを浮かべている。その様子を見た三沢は、思わず男を殴ってカップルをなじる。

三沢　「甘ったれやがって！　貴様等人の命を何だと思ってやがるんでエ！　恰好ばっかりつけやがって、馬鹿野郎！」（完成作品より）（注三）

その夜、ビルの屋上（おそらくＳＲＩ本部）で、事件を引きずっている三沢に牧が言う。

三沢　「……殺されたのは女子大生だってねえ」

牧　「なあ助さん……。交通事故なら五〇秒に一件、犠牲者は三八秒に一人だぜ……。今こうして話している間にも、どっかで誰かが車の犠牲になっているんだ……。だから……気にするなとは言えんが……、彼女は運が悪かったんだ」（完成作品より）

（注三）
決定稿では以下の台詞だった。
三沢「早く死ねッ！　さア早く！　甘ったれるンじゃねエよ！　お前ら人の命を何ンだと思ってやがるンだ！」

『怪奇大作戦』は、SRIが直面した事件と、その背後にある現実のギャップに異様な敗北感を覚えるエピソードが多い。しかしこれまでのエピソードで描かれたのは、SRIメンバーと特定の犯罪者との間に立ちはだかる壁、もしくは溝の問題だった。しかし「果てしなき暴走」でSRIが直面するのは、社会問題そのものであり、それを個人の問題に回収することは不可能だ。だからこそ、フーテンの男は薄笑いを浮かべ、問題との接触を避けている。その点においても本作は橋本ラインと一線を画している。

「果てしなき暴走」は、現実感覚乏しい眉村ユミの車が、ガスを撒き散らした後、現実の出来事である、正気を失ったドライバーの事故シーンをカットバックで描く。本来は人間の利便性のために開発されたものが、ある瞬間に牙をむき、凶器となる。これは『帰ってきたウルトラマン』(注四)でも繰り返された、市川お得意のパターンとなる。

市川　自分たちがよしと思っているものが凶器になるという逆の発想は『帰ってきたウルトラマン』でも「ふるさと地球を去る」というのでやっているんです。ある弱虫な少年がMATによって勇気づけられる。しかしラストで弱虫な少年が、MATの銃を借りてあたり構わず撃って「もっと強い敵が来ないかな？　今度は皆殺しにしてやるのに」って言って、MATの連中がゾッとして終わるという話なんだけど、テレビでけしかけている勇気を持てというのを間違えると、こういう風な少年を育ててしまうことになりかねないとい

(注四)七一年四月二日〜七二年三月三一日。

うような発想は、時々してたんですよ。テレビの中にいて、一種のテレビ批評というようなことですね。「悪魔と天使の間に」（原文ママ）なんかもそうですね（注五）。ですから『怪奇大作戦』でもそういうようなことをやったんでしょうね。（『怪奇大作戦大全』市川森一インタビューより）

SRIの調査で、眉村ユミの車から神経ガスを撒き散らす細工を施したのは、整備を任せている駐車場の整備員とわかる。SRIは、駐車場で張り込み、整備員から事情聴取しようとする。しかし不意を突かれ動転した整備員は慌ててその場を逃げ出し、何者かが運転する車にひき殺される。

病院に向かう救急車の中、虫の息の整備員は、力を振り絞りSRIに事情を話そうとする。

整備員「……俺じゃねエ……、俺じゃねエ……、頼まれたんだ……」
三沢「頼まれた……？誰に……」
警備員「車……」
三沢「車……？」
警備員は事切れる。
三沢「所長……」
的矢「車……、東京だけでも二百万台の車があるんだ……」

（注五）
「ふるさと地球を去る」第二五話、監督・富田義治、特殊技術・大木淳。
「悪魔と天使の間に……」第三一話、監督・真船《まふね》禎《てい》、特殊技術・高野宏一。

絶望的な三沢のアップ。

三沢「……それじゃあ……、これから一体何を目標に犯人を捜せばいいんだ……」

三沢のアップにダブって、テーマ曲が始まり、エンドクレジット。（完成作品より）

市川　これは犯人が捕まらない話というより、今の車社会全体が犯人だという風に、それを誰か特定の個人に罪を押しつけるというのは文明批評にならないと思ったんです。車社会全体への警告にするには、犯人を拡散して〈あなたも〉犯人の一人だと言った方がいいと思ってわざとそうしたんです。（『怪奇大作戦大全』市川森一インタビューより）

決定稿でこのシーンは、整備員が「ブルーのセダン」と言って息絶える。その後の展開は以下だ。

36　救急車の中（夜）

（前略）

的矢「青色のセダン・・・・・・東京中、二百万台の車の中から、青色のセダンと言うだけを手掛かりに・・・・どうやって捕まえたらいいンだ・・・・・・」

絶望する三沢の顔に投射する七色の光のスピードが、次第に速くなっていく。

三沢「（ふと）・・・・・・この車、スピード出し過ぎてやしませんか？」
的矢「そりゃ救急車だからさ」
三沢「・・・・・（不安がつのる）」
どうしようもない不安と空しさが・・・・・・。

37 都心のハイウエイ（夜）
動脈を走る車の列は、その姿を光の帯に変えて切れ目なく続く。

またどこかで事故が起こったのか、けたたましいサイレンが――

走る車のフロント前方――

青色の排気ガスを吐き散らし乍ら、猛スピードで疾走していく、ブルーのセダンの後姿。


（Ｆ・Ｏ）

完成作品のラストは、社会派ドラマの手本のような幕引きである。ＳＲＩは、深い絶望感とともに、事件の外へと放り投げられてしまうが、市川はそんな彼等を再び現実世界に引き戻す。三沢の心情を通して綴られる正体不明の不安を、明日は我が身に襲いかかるかも知れない恐怖へと収束させたのである。

制作NO．二二は、石堂淑朗脚本の「美女と花粉」、監督は登板三度目の俊英、長野卓だ。

全身が真っ黒に変色して死亡するという事件が相次いだ。色素を破壊されることによって、皮膚呼吸が不可能になり、窒息死したのだ。犯人は特殊浴場の経営者の娘、大山信子。かつて信子の美しさを嫉んだ女が、彼女に硫酸をかけたため、胸にひどい火傷を負ってしまったのだ。信子は、アルコールに混ざると強度のアレルギー反応を起こす熱帯植物の花粉を使い、その鬱屈した情念の牙を全ての若い女性に向け始めたのである。

大島渚の『太陽の墓場』『日本の夜と霧』や、実相寺昭雄の〝観念劇三部作〟で知られる石堂淑朗は、シリーズに参加した脚本家の中で、佐々木守以上のビッグネームであろう（注六）。〝反権力〟〝反骨〟〝情念〟が氏の作品の特徴だ。石堂のシリーズ初参加は、未映像化に終わった「平城京のミイラ」だが、本作については次章で取り上げる。準備稿のタイトルは「花粉と美女」で、タイトルの順番が逆になっている。現存が確認されているのは準備稿と第一、第二決定稿で、印刷はそれぞれ六九年一月四日、六日、十八日。

石堂　柴田錬三郎に『銀座砂漠』という短編があったんですよ。これは今時分だと人権問題でできないんだけどね、当時はそんなにうるさくなかったから。絶世の美女がいるんだけど、広島で原爆にあっているんだ。それで絶世のブスがいるんだけど身体は凄い訳。この二人がタッグチーム組んでね、客を引いて暗がりになるとスッと入れ替わるの。絶世のブスの絶世の叶姉妹がお相手するって話があったの。その時のイメージがあるね。でも子

（注六）
『太陽の墓場』脚本・大島渚、石堂淑朗、六〇年八月九日公開、松竹。

『日本の夜と霧』脚本・大島渚、石堂淑朗、六〇年十月九日公開、松竹。

〝観念劇三部作〟は、実相寺昭雄が独立後ATGで製作した『無常』『曼陀羅』『哥』のこと。公開はそれぞれ七〇年八月八日、七一年九月十一日、七二年六月十七日。

石堂淑朗は、自著『偏屈老人の銀幕茫々』（筑摩書房刊）の中で、『無常』は、ロジェ・マルタン・デュ・ガールの『アフリカ秘話』が、『哥』は、ハーマン・メルヴィルの『代書人バートルビー』がヒントになっていると記している。

供向きじゃないよね、この話、全然（笑）。（『怪奇大作戦大全』石堂淑朗インタビューより）

石堂のイメージは、準備稿、第一決定稿において顕著に表現されている。ここでは、被害者は変色して死なず、体中が醜く腫れ上がり、なおも生き続けるのだ。以下、第一決定稿から、第一の犯行シーンを抜粋する。

3　店内

一隅のボックスで、牧とさおり、向かいの席に、女の子が一人（安江）おしぼりを使っている。（中略）

と、二人（引用者注・牧とさおり）、笑った時、牧の顔が変わる。

さおり、牧の視線を追って、前を見、彼女もまた、顔色を変える。

前に座っている安江の顔が特に額と目が変に歪んで見えるのである。

二人、息を呑んで、前を見る。

安江「あの・・・・・・」

と、二人に、微笑みをかえす。しかし、それが、尚更に気味が悪い。

当時のメークでは到底表現不可能な悪魔的な描写、脚本に限って言えば、犯人の鬼畜度はシリーズの頂点に立つ。被害者が死なぬとなれば、当然信子も生きている。しかし彼女は、毒の花に倒れ込んだため、誰よりも醜く変形してしまったのだ。彼女は病院に収容されたが、病室に第一の被害者の婚約者、定夫が信子を殺しに飛び込んでくる。以下、そのシーンの抜粋。

37　病院の一室

（前略）

定夫、信子の前に廻りこむ。

見るも無惨な信子の姿（人形）

定夫、思わず、ひるむ。

信子「……あなた……あなたは男……ね、私と結婚しましょう……私と、あの世で」

信子、見えぬ目、手さぐりに定夫に近寄る。

（中略）

38　外

牧と野村、戸を叩く。

あかない。

定夫の悲鳴――。

牧、体当たりに、ドアーをあける。

39　中

信子、倒れている。
定夫、気を失って、倒れている。
しかし、その顔、手足・・・・・・特に、唇は無惨に変形している。

ここまでくると、石堂は女性に対し、ある種の怨みがあるのではないかと思えてくる。そこで筆者は拙著『帰ってきたウルトラマン大全』（荻野友大と共著）のインタビューで、石堂に尋ねてみた。すると石堂は、

石堂　僕は男兄弟で、子供も2人とも男だから、女の子が書きたいというのはあるね。一種の代償行為みたいなもので。だから姉みたいなタイプの女って好きだものね。惚れてるとか惚れてないとかじゃなくて、会っただけで全部許してもらえるみたいな。曾野綾子（作家、代表作『神の汚れた手』他）さんなんて、俺の姉貴分だからね。捻り鉢巻きで、長刀《なぎなた》振り回して俺を守ってくれるみたいな（笑）。そういう感じがする。

と、上手く逃げられた。まあ、こうした会話も含めて石堂節なのだから、それはそれでヨシとしようではないか。

苦難の京都編

『怪奇大作戦』もいよいよクライマックスを迎える。シリーズの頂点を極めた京都編「呪いの壺」「京都買います」、異色の幻想談「ゆきおんな」、本章からはこの三本が制作された背景を検証する。

京都編の制作NO．は、二四、二五、しかし脚本NO．では、十六、十七だったことは二一〇頁で述べた。そして「呪いの壺」は同じ石堂淑朗脚本の「平城京のミイラ」の代わりに執筆された作品であった。この三本の印刷時期は以下の通り。「平城京のミイラ」（制作NO．なし）九月七日、「呪いの壺」（準備稿、制作NO．なし）十一月十五日、「消えた仏像」（準備稿、制作NO．なし）十一月十九日、「呪いの壺」（決定稿）十一月二五日、「消えた仏像」（決定稿）十一月二七日。「平城京のミイラ」と同時期に印刷された脚本としては、「青い血を吐く女」「吸血地獄篇」（ともに準備稿）がある。そして「平城京のミイラ」は、以下のようなストーリーであった。

大川るり子は、琴の師匠である花絵の弾く調べにうっとりと耳を傾けていた。その曲は、花絵が奈良時代の古文書から苦労して翻訳したものだった。

るり子を送る花絵の甥時夫。彼は畿内大学の歴史学研究生である。二人は途中、夕まぐれの平城京跡に立ち寄る。そこで時夫は、平城京跡で発見された金箔に包まれたミイラは、長屋王ではないか、とるり子に語る。るり子は花絵の弾いた曲が長屋王の作曲ではないかという思いにかられた。すると花絵の弾いた曲が幻聴のように聞こえ始め、霧の立ちこめる非現実的な情景の中、るり子は長屋王の幻を見たのだった。時夫の声に現実に戻ったるり子だったが、長屋王の魂が、大学の研究室から抜け出してきて、都の跡をさまよっている、と時夫に言う。

「時夫さん、早くミイラをここに返して。でないと屹度《きっと》よくないことが起るわ」

るり子の父、淳三は近畿運輸ＫＫの社長で、ワンマン経営者として知られていた。今日も仕事でミスをした部下三人の首を、有無を言わせずに切る。

るり子はそんな父に反抗的だった。夜、部屋で琴を弾き始めると、不思議なことに指が自然と動き、あの古代の曲をつま弾き始める。と、どこからともなく、この曲に寄り添うような横笛の音が聞こえてくる。るり子は笛の音を追って外へ、そしてまた、長屋王の姿を幻視する。立ちこめる霧の中、王は横笛を吹いている。霧が晴れるとともに王の姿は消えていき、そのあとに時夫が立っていた。夜の平城京に立つ時夫に、るり子はミイラをここに戻して欲しいと訴える。

時夫はそんなるり子を、研究室に連れて行く。ガラスケースの中に、金色のミイラが横たわっている。息を呑んで見つめるるり子の手を、そっと握る時夫。琴の音が幻のように聞こえる。

るり子は時夫との結婚を望み、父に訴える。しかしるり子は大川家の大事な跡取り娘。大学の研究生ふぜいを、淳三が相手にするわけがなかった。

夕刻、悲しみに暮れるるり子は時夫と平城京跡に出かけるが、長屋王は現れなかった。一人去って行く時夫を、不安そうに見送るるり子。

寺の別院、時夫が帰って来ると花絵の前に、近畿運輸を首になった三人がいた。時夫に促された花絵は、かたわらの小さな箱を三人の前に出した。三人はお互いに顔を見合わせる。

秋日和の静かな淡路島付近の海を、近畿運輸所属のあかね丸が行く。と、船長の牟田は前方を見てハッとする。巨大な金色のミイラが、海の上を船に向かって歩いてきて、巨大な腕を振り上げたのである。慌てて舵を切る牟田。その結果、あかね丸は淡路島の岬で座礁してしまう。

知らせを聞いた淳三は、すぐに現場に向かおうとする。だが海岸線を走っていたとき、運転手の近藤は、前方の道に巨大なミイラを目撃する。近藤が慌ててハンドルを切ったため、車は海に突っ込んでしまう。

怪事件発生の知らせに、ＳＲＩは現地に飛んだ。そして事件は、ミイラを包んだ金箔を使った犯罪だということが判明する。その金箔は、宇宙線を吸収する性質を持っている。そしてそれを飲むと、宇宙線が身体に蓄積され、精神は錯乱状態となり、神秘的な幻覚を生み出すのだ。時夫はるり子に、首になった三人は、牟田と近藤に金箔を飲ませ、ミイラの話をして幻覚を見せていたのだと語る。
警察の取調室で、時夫が犯行動機を語る。

時夫「歴史的に重要な地区が、宅地のために次々と破壊されていく。これを防ぐには地面を買いあげる他はない。しかし、政府はそんなことのために金なんか出しはしない」

的矢「そこで大川淳三の財産に目をつけ、るり子さんの好みを利用して、ミイラの幻影を見せ、結婚しようとした」

時夫「そうだ。大川淳三は悪の限りをつくしてあれだけの財をなした。その不正の金を歴史の研究に使おうとしたって、俺のせいじゃない！」

的矢「目的のためには手段はえらばないのか?!」

時夫「馬鹿を言うな！　この世の何処に目的のために手段をえらばない奴がいるか！　アメリカを見ろ。ソ連を見ろ！」

的矢「・・・・・・」

こうして事件は解決したが、るり子は逮捕された時夫が釈放されるのを、いつまでも待つ決心を固めていた。

巨大ミイラの出現は、スペクタキュラーな見せ場となっている。しかし全四九シーンで構成されている本作で、巨大ミイラの出現は、シーン二一から三七に集中しており、他はない。その直後、シーン三九からSRIが登場し、事件は急転直下、解決してしまう。準備稿とはいえ、この構成はあまりにもバランスが悪い。

しかし前半、古代の笛の音が流れる中、長屋王の幻影が現れるムードは素晴らしく、これが実相寺昭雄の手にかかったら、実に幻夢的なシーンとなったであろうことが想像できる。

また本作では、るり子と時夫が深い仲になってしまったことが示される。これは「呪いの壺」も同様だが、「美女と花粉」の特殊浴場といい、男女の肉体関係といい、石堂淑朗は子供番組であることを、全く考慮に入れないで脚本を書いている。それが通ってしまうところが『怪奇大作戦』の凄いところなのか、時代の凄いところなのか。

なお、自分の欲望を達成するために、犯人が資産家の娘をたぶらかすという設定は、さらに鬱屈した形で、「呪いの壺」の日野統三に受け継がれる。

以降、京都編制作に至るまでの流れを、『怪奇大作戦大全』の守田康司、実相寺昭雄インタビュー、そして『闇への憧れ［新版］』（復刊ドットコム刊）から実相寺の記述を検証し、筆者の想像も加えて整理してみたいと思う。

「平城京のミイラ」は、他の脚本の絡みから考え、当初は円谷一組、制作NO．六「吸血地獄」、NO．七「光る通り魔」の後に予定されていたのではないかと推測する。地方ロケ編なので、無論タイアップが必要であるし、二本持ち用の脚本も必要である。そのため、芸術祭ドラマ用のプロット『あをによし』（佐々木守作。「京都買います」の稿で後述する）を元にしたアイディアが検討されたか、あるいはもう少し進んで「消えた仏像」の生原稿までは完成していたのかも知れない。しかし「平城京のミイラ」は特撮予算がかかりすぎるし、タイアップも取れないということでキャンセルとなる。だが代わりの脚本は用意されなかった。考えられる原因の一つとして、実相寺作品はフィルム使用量もダントツで、予算がかかりすぎる。それが円谷プロ側の制作陣にとってネックになっていたのではないだろうか。

結局、円谷一組後のプログラムは、制作NO．八、「青い血の女」（鈴木俊継）、九「散歩する首」、十「ジャガーの眼は赤い」（小林恒夫）、十一「死を呼ぶ電波」（長野卓）、十二「氷の死刑台」（安藤達己）と予算調整回が続いた

その後、飯島敏宏がローテーションに復帰し、制作NO．十三、十四の「霧の童話」「オヤスミナサイ」を撮る。続く実相寺昭雄組の作品は、脚本NO．でいえば十六が「呪いの壺」、十七が「消えた仏像」だった。この二作は、ともに京都を舞台にしている。そこでロケハンを兼ねたタイアップの交渉のため、守田康司、実相寺昭雄が関西に向かう（他にもいたかも知れないが、二人の証言からは見えてこない。カメラマンの稲垣涌三が不参加だったことは、本人の証言で明らかになっている）。

実相寺　京都は一度ロケハンして戻って来たんだ。お金がなくてね。（中略）確か一軒、

何とかって言う旅館がタイアップ見つかったんだよな。「平城京のミイラ」は奈良の話なんだけど、泊まりはそこにしようってことで。でも琵琶湖のホテルだから、何も内容に関係ないんだよ（笑）。うち使ってくださいなんて言ってたけどさ、でも中華料理屋みたいな感じで、これは流石に使えないってことで（笑）。で、結局タイアップがうまくいかなくて、ま、タイアップが取れるような内容じゃないけどね。（『怪奇大作戦大全』実相寺昭雄インタビューより）

守田　最初、実相寺氏とかでロケハンに行ったんですよね。タイアップの交渉をかねて。琵琶湖の旅館を野口君が知っていると言うから行ったんですが断られて、雄琴《おごと》温泉郷に僕の知っている旅館があったんだけどこれも駄目でね。というのはシーズン中で、空き部屋がなかったからなんですよ。（『怪奇大作戦大全』守田康司インタビューより）

実相寺は「平城京のミイラ」と語っているが、これは記憶違いであろう。というのも実相寺自身、インタビューの中で〝「平城京のミイラ」は金がかかるから止めようって言うんで、急きょ「呪いの壺」を石堂さんに書いてもらった〟と答えているからである。したがってこの時点では、「呪いの壺」と「消えた仏像」の準備稿を持ってロケハン兼タイアップ交渉に出たと考えるのが自然だ。また、「呪いの壺」の準備稿、決定稿にはＳＲＩと町田が泊まるホテルは〝琵琶湖・ホテル〟とあり、あるいはタイアップが取れそうだ、ということで石堂にわざわざ書いてもらったのかも知れない。全編京都ロケにした方が、撮影の効率はいいし、作品の内容を考えても、ここだけ琵琶湖にする意味はないからだ。
しかし結局、タイアップ交渉は不調に終わってしまう。しかし円谷プロとしては局に対し、制作中止を訴えることはできなかった。そこで円谷プロ側が示したアイディアは驚くべきものだった。

守田　京都編はシナリオ変える変えないでだいぶ、円谷内部でもめたんですよ。京都には行けないから、東京でできる話に変えてくれないかと。タイアップが取れないからできないなんて局に言えないしね。（中略）途中で実相寺氏を外して他の監督で行くことも考えたんですよ。実相寺氏だと予算がかかるからね。でも僕と橋本さんが打ち合わせをして、橋本さんが「実相寺でやってくれ」と言うから、これは橋本さんの思いが込められてるんだろうと感じたから、何とか完成させてやりたいなと思って京都ロケを断行しようということになったんですよね。だからこれを最後に持ってきたんですけど。金の方は後で入ってくるから何とかなるから、手はあるからね。僕、京都映画に掛け合いに行ったんですよ。
（『怪奇大作戦大全』守田康司インタビューより）

実相寺　（前略）あれ（京都編の二本）ができたのは結局橋本さんの力ですよ。（中略）一度違うものを東京でやろうとしてたんだけど、これは捨てがたいということでね。円谷から京都映画に下請けに出してね、こっちはメインスタッフだけ行って。チーフ以下、全部京都映画だったもんね。それで仕上げは東京でやったんだ。(『怪奇大作戦大全』実相寺昭雄インタビューより)

結局、実相寺組は一旦後回しということになったのか、まず脚本NO．十五の「24年目の復讐」(鈴木俊継)、NO．十八の「かまいたち」(長野卓)が制作されることになった。その後、京都編を最後に回すことが決定したので急遽、新しいエピソードが制作されることになったのか、あるいは打ち合わせが長引いているうち、単に時間がなくなってきたのかは不明だが、いずれにしろ、倉敷、熱川の旅館とタイアップした「幻の死神」、「死者がささやく」(仲木繁夫)が即製される。その後は再び、職人映画監督、円谷プロ社員監督、新人監督のシフトでシリーズを回していく。

そして守田、実相寺のインタビューにある通り、橋本のたっての願いでようやく京都編が制作される。こうして生まれた二本には、プロデューサーとして淡《だん》豊昭の名がクレジットされている。この頃氏は、TBSの出向社員として京都映画に在籍していた。

TBS映画部が新感覚の時代劇をと企画し、松竹と組んで制作した『風』(注一)のプロデューサー補でもあった淡は、実相寺にとって力強い味方となっただろう。『風』には飯島敏宏、実相寺昭雄が参加しており、両氏の代表作の一つとして数えられる。また淡は実相寺と組み、『宵闇せまれば』(注二)『無常』『曼陀羅』を製作する。その後、当時円谷プロ代表だった円

(注一)
六七年十月四日～六八年九月十一日。

(注二)
脚本・大島渚、六九年二月十五日公開、ATG。

谷一の招きで入社、七一年には『ミラーマン』、翌年には『ジャンボーグA』をプロデュースした（注二）。つまり淡は円谷一を制作面で支え、円谷プロ復活の立役者として活躍したのである。

なお『怪奇大作戦大全』執筆時、守田の証言の一部、〝金の方は後で入ってくるから何とかなるから〟という部分はぼかして書いてある。守田は当初、京都ロケ編の支払いを手形で行おうとしたのだ。だから〝金の方は後で入ってくる〟なのである。しかしこれには反対の声が上がり、守田のプランは通らなかった。そしてこうしたいざこざが守田退社の一因となる。

（注二）
『ミラーマン』七一年十二月五日〜七二年十一月二六日、フジ。
『ジャンボーグA』七三年一月十七日〜十二月二九日、NET。

怪奇と幻想の彼方に

「呪いの壺」の主人公は、市井商会という古美術商に勤める、日野統三という青年である。彼の一家は、高祖父の代から市井家のために、偽物の壺を提供してきた。しかし身体の弱かった彼は、跡を継ぐことはなかった。代々偽物の壺を作らされ、父の才能は永久に闇に葬り去られる。統三の心の中の歪んだ思いは、リュート物質を使った殺人へと具現化していった。

リュート物質とは、旧帝国陸軍が開発した物質で、太陽光線に当たるとリュート線というある種の放射線を放出する。統三は、偽壺の中にリュート物質を塗り込んでいた。その壺を買った客は、明るいところでじっくり観賞しようとする。するとリュート線が放出され、被害者の神経は変質し（特に視神経はズタズタになる）死にいたる。

日野統三は、己の境遇を呪い、犯罪という行為で社会（あるいは一個人、一家など）に脅威を与えるという意味では、『怪奇大作戦』の典型的なキャラクターである。過去の栄光を取り戻すため窃盗を続けていた一鉄斉春光、妹の白血病治療のため、人体実験を続けていた吉野貞夫、理由なき殺人者小野松夫等々、彼等は、奇抜な犯行の影に身を置き、息を潜める。だが日野統三は違う。彼が殺人を続けてきたその心情は、発覚をもって成就するのだ。そのための犯行なのだ。

彼の目的は、父を、自分の一族をないがしろにしてきた市井商会を滅ぼすこと。そのために跡取り娘の信子までたぶらかす。

冒頭、京都で起きた変死事件にＳＲＩと町田が乗り込んでくると、日野は彼等の前に現れ、「亡くなられた方、みんなうちの店のお得意さんなんです……。それで偶然かもしれませんが……、気にかかって仕方がないもんで」と言い、激しく咳込む。こうして統三は、ＳＲＩと町田を一気に事件の本丸に誘い込む。捜査陣が犯人の思い通りに（ある意味）踊らされるエピソードは、本作があるのみだ。

エピソードタイトル開けは市井商会のシーンとなる。市井の主人がＳＲＩと町田に対し、慇懃無礼に応対する。

「京都の……めぼしい方とはたいがい取引がございますから、亡くなられた金持ち連中たぐれば、当然うちの名前も出てきますやろう……。まあ私なんぞの力が、なんぞのお役に立てばけっこうだと思うとります……」

と、すかさず統三がとんでもないことを口走る。

「そら警察に協力するのは、私らの常識です……。それに……、時には偽物事件もあることですし」

牧は二人の間に何かあると睨み、実家に帰るという統三の後を、三沢と野村に尾けさせる。これこそ統三の狙いだった。統三は、父との仲が上手くいっていないことを気にかけ、後を追ってきた信子を伴って実家に向かう。

実家での統三と彼の父の会話を聞いた信子は、市井家と日野家の忌まわしい関係を知ることとなる。それを信子に知らしめるため、統三はあえて実家に連れてきたのだ。全てを終わらせるために。信子は、自分は統三が目的を果たすための手段の一つでしかないことを知る。彼は信子と一緒になることで、偽物をはびこらせ、金持ち連中を心の底から笑ってやりたいと思っていた。しかし偽物はバレないどころか、珍しい掘り出し品と保証され始めてしまった。このままでは父の名は永久に出ない。死病に冒されていた統三は、死ぬ前に一切合切のケリを付けようとしたのである。代々自分の名前で壺を発表できないようにした市井家を、一気にぶっ潰そうとしたのである。そこまで信子に語った統三は、虚無的な笑みを浮かべる。

「親父の壺を買うた金持ちはどんどん死んで……、市井は潰れる……。こんな気持ちのええことはあらへん……」

石堂　僕の母親の弟が、ろくでなしの骨董屋でね。秀吉時代の溲瓶《しびん》だとか売ってたんだよ。怪しいだろう（笑）。だから骨董屋っていうのが、どこかに偽物作りのイメージがあって（笑）。（中略）

　金持ちに対してどうのこうのというのは、僕の父親にはあったね。僕の父親は子供の頃に木から落っこちて片足を引いてた訳なんですよ。（中略）軍人にはなれないし、結局頑張りに頑張って、30くらいで京大の法学部出て弁護士になって、在野の弁護士で一生を終わりましたけど、世の中に対して何かを持ってましたね。だから親父は失意の人だったんですよ。（中略）

　家の問題というのはバア様ですね。バア様の実家というのはこれは大きな家だったんですよ。それがつぶれちまってね。特に戦後、農地改革において、密柑山《みかん》3つも4つもあったのを全部取られちゃったからね。後は跡継ぎを作る以外にないんだ。ところが子供が産まれないから、どこから養子を取るかが大変だった。それで僕の兄弟の真ん中を養子に取っていった。姑が実家を継がせるために嫁の子供をひとつ取っちゃった訳だね。それで終生我が家に嫁姑の陰湿な対立風が吹いてましてね。（『怪奇大作戦大全』石堂淑朗インタビューより）

日野統三というマイナスのエネルギーを持つ人物の内面を掘り下げた石堂脚本を得て、実相寺の演出、稲垣涌三のカメラワークは冴え渡る。そして京都映画のスタッフが持つ、高い技術力に支えられ、カメラは、それ自体が物語の主人公のように縦横に移動し、日野統三という屈折した男の内面を表現することに成功している。

実相寺　俺この前に京都で『風』というの撮っているでしょう。あのつながりでね。親子移動とか、クレーンとか、直角移動とかいろいろ使ったな。木の移動レールというのは職人芸いったからね。（中略）それをやったのが小林ツトムさんという人だったんだよ（注一）。だから京都行ったときはびっくりしたよ。そういう古手の職人芸を持った人残っていたから。

稲垣　エレマックの直角移動車とか持ってくるんですよ。黒澤（明）さんが『トラ・トラ・トラ！』（注二）で使おうとしたやつだなんて言ってね。誰も使わないから余っていたんでしょうね。

実相寺　こんなもん、きれいに動くんかいなと思ったけど、結構きれいに動くんだよな。

（『怪奇大作戦大全』実相寺昭雄インタビューより）

日野統三を演じたのは、日本舞踊の十五世花ノ本流宗家、花ノ本寿《ことぶき》。映画俳優としての活躍は短かったが、武智鉄二の『黒い雪』や鈴木清順の『刺青一代』といった問題作、傑作に出演している（注三）。

（注一）
「私のテレビジョン年譜」では、小林進と記されている。

（注二）
七〇年、脚本・ラリー・フォレスター、小国英雄、菊島隆三、監督・リチャード・フライシャー、舛田利雄、深作欣二、日本公開は七〇年九月二五日。当初日本側監督だった黒澤明は途中降板した。しかしノークレジットだが、脚本は執筆している。

（注三）
『黒い雪』脚本・武智鉄二、六五年六月九日公開、日活。
『刺青一代』脚本・直居欽哉、服部佳、六五年十一月十三日公開、日活。

実相寺と花ノ本の出会いは、『風』第十三話「絵姿五人小町」である。「呪いの壺」を経て、『無常』『あさき夢みし』に出演している（注四）。実相寺は役者をオブジェとしてとらえることの多い監督であるが、本作と「京都買います」は、ほとんど例外的に息づく人間のドラマが要となっている。それは石堂淑朗、佐々木守という優れた感性を持った作家が脚本に込めた素材を、花ノ本寿、岸田森という怪優が咀嚼し、己の血と肉に昇華した結果に他ならない。わけても花ノ本の演技は、鬼気迫ると称するにふさわしい名演だ。それはクライマックスにおいて、マグマの噴出に似たほとばしりを見せる。

ようやく事件の真相を掴んだＳＲＩと町田が彼を逮捕しに来る。統三は大量のリュート物質を持ち、妙顕寺に駆け込んで行く。そして後を追って来たＳＲＩと町田を前に、最後の言葉を放つのだった。

「これでええのや……、これで……思い通りや……。この寺は……、本物か偽物か……、わしの道連れやで！」（以上、台詞は完成作品より）

統三が激しく咳込むと、彼が持った黒紙の中のリュート物質が周囲に飛散する。放出されたリュート線は統三の命を奪い、妙顕寺は紅蓮の炎に包まれる。

クライマックスの炎上シーンは、無論特撮である。『ウルトラＱ』や『ウルトラマン』などの怪獣特撮ものでは、二五分の一や、せいぜい十二分の一の縮尺でミニチュアが組まれるが、妙顕寺は六分の一というかなり大きな作り物が、東京美術センターのオープンに組まれた。なお、瓦だけは四分の一の縮尺である。この妙顕寺炎上シーンは、円谷プロにおけるミ

（注四）
「絵姿五人小町」脚本・佐々木守。
『あさき夢みし』脚本・大岡信、七四年十月二六日公開、ＡＴＧ。

ニチュア特撮の最高傑作と言ってもいい完成度を誇っている。そのミニチュアと特撮についいて、デザイナーの池谷仙克《のりよし》は、『怪奇大作戦大全』のインタビューで、次のように証言している。

池谷　最初俺が大沢（引用者注・大澤哲三、このときは美術助手）に（全体を）「1／4くらいでやろうよ、迫力あるぜ」って吹いてたんだけど、予算がないからって途中で1／6にしたんですよ。そしたら彼はどこかにそれが残ってて、瓦だけが1／4で上がって来ちゃった。（中略）4カメぐらい回したかな（同時に4台のカメラで撮影する意）。このカット、メインポジが（フィルム）回ってないんですよ。一番引きのメインポジションの画があったんだけれど（何かのトラブルで）撮れてなかった。それが使えなかった事がまた迫力につながってるわけ。2つのミスが非常にいい方向に転がったんですね。

橋本　世の中が万博に向かってちょっと浮かれ出している頃でしたね。だから実相寺、画面にチラッと万博のポスターを入れているよね。ああいうところが面白いね。「呪いの壺」は石堂がいいホンを書いてくれたし、僕と彼の仕事の中では、あれが一番の誇りですね。本当、「呪いの壺」と「京都買います」は、墓場まで一緒に持っていきたい作品ですよ。

日本人が逃れることのできぬ因習という淀んだ精神構造、「呪いの壺」はそのテーマを見事に描き切り、『怪奇大作戦』というシリーズの頂点として今も輝き続けている。

制作NO．二五は、「京都買います」。脚本は準備稿、決定稿ともに「消えた仏像」という、内容をストレートに伝えたタイトルだが、少々味気ない。「京都買います」の源泉は、佐々木守が芸術祭ドラマ用に書いたシノプシス『あをによし』である。『あをによし』は〝企画案〟という形で現存している。〝あをによし〟とは、奈良にかかる枕詞であり、佐々木の書いたシノプシスも、古都奈良を舞台にしている。実相寺は『あをによし』について、以下のように記している。


前の年（引用者注・「京都買います」の前の年）に映画部で芸術祭ドラマを作るという案が持ち上がり、円谷さんか飯島さんが撮る筈だったが、二人共利口だから芸ドラには消極的で結局沙汰止みになった。その時、幾つかの企画が出来、シノプシスが纏まったが、その中で最有力だったのが佐々木守の書いた「青丹よし」という奴だった。（『闇への憧れ［新版］』所収「私のテレビジョン年譜」より）

「消えた仏像」（「京都買います」）が執筆されたのは六八年だから、実相寺の記述を信ずるならば『あをによし』は一九六七（昭和四二）年の作ということになる。

『あをによし』は、奈良で伝統的な硯《すずり》を作る家の娘である美弥子、大和郡山市の金魚研究所（美弥子はここに通っている）の所員で、美弥子の恋人である野々宮隆、美弥子の弟で大学生の浩、廃れかかった硯作り手法を頑なに守る二人の父、浩の仲間の武等が登場人物である。

浩は、奈良という古都が自分の青春を押し潰していると考えている。そんな時、仲間と遊び呆けていた深夜バーに、一人の中年男が入ってくる。そして遊び戯れる男女に向かって、「どうです、この奈良を売りませんか」と言う。「宇宙の遠い星へです。その星は今年のはじめに独立したばかりで歴史がない。だから地球の歴史を買いたいと言っているのです」と不思議なことを口にする。

若者達は、日頃の鬱憤をはらすように、「そうだ、そうだ。売っ払え！」と叫ぶ。浩ほか若者達は、男が配った署名用紙に冗談半分でサインしていく。だが武はなぜかサインすることが出来なかった。

美弥子は父に野々宮との結婚を反対されている。彼女の心を慰めるのは、金魚だけだった。野々宮としばし逢い引きの時を過ごす美弥子だったが、心は暗い。もし、あの父がこの古い町に住んでいなければ、自分達の結婚を許してくれるのではないかと、奈良の都を見下ろしながら思う。そんな美弥子の前に件の男が現れ、奈良の町を売ってくれ、と言う。美弥子は思わず頷いて、用紙にサインしてしまうのだった。

それからしばらくして、奈良のあちこちで怪異が頻発する。まず研究所の養殖池から、金魚が一斉に空に飛び出す。猿沢池の鯉の群れが空中に飛ぶ。興福寺、薬師寺の五重塔が消える。東大寺の金堂の屋根がなくなっている。奈良の町は、この奇怪な出来事に恐怖のドン底に叩き込まれた。

ヒロインの名前や、若者の古都に対する無関心、町を売ってくれ、というキーワードは、そのまま「京都買います」に受け継がれている。また、人々のマイナスエネルギーを嗅ぎつけるように登場する謎の男と、物が消え去るという設定は、実相寺が『ウルトラマンタロウ』(注五)用に書いた脚本「怪獣無常！昇る朝日に跪《ひざまず》く」(未映像化)に通じるものがある。佐々木守は、本作で明治以降の日本と日本人に対する風刺を狙っていたような気がするが、もし映像化されていれば、芸術祭の歴史に残る異色作が出来上がったことだろう。

「京都買います」は、連続する仏像消失事件を軸に、それを調査に来た牧と、考古学者藤森教授の助手美弥子とのうたかたの恋が描かれる。

消えた仏像は、藤森教授のところで研究していたものばかりであった。牧は藤森に心当たりがあるかと尋ねるが、教授はそれを否定し、「けど私は……、仏像が消えたということを聞いて……、残念やと思う一方……、またほっとしとりますねん」と答える。藤森は変わりゆく京都を憂えていた。

「考えてもご覧なさい……、近頃の京都の変わり様を……。(ため息)古代の仏像が……、安心して住めるところや……あらしまへん」(完成作品より)

(注五)七三年四月六日〜七四年四月五日。

そこへ美弥子が入ってくる。彼女も仏像の美しさに心を奪われた一人、と藤森は美弥子を紹介する。

美弥子は仏像に絹の布を巻きつけていく。その表情は、仏像を愛おしんでいるようであった。牧は美弥子に心惹かれていく。

実相寺演出の特徴の一つは、サウンドエフェクトが傑出していることだ。この藤森研究所から、次のゴーゴー喫茶につながる場面は、その特徴を如実にあらわしている。

さおりとともにゴーゴー喫茶にやって来た牧は、踊り狂う若者達に呆れ、一人酒をあおっている。そこへ美弥子がやって来る。それは研究所で見た美弥子とは全く別人のようだった。美弥子は若者達に「京の町、売らない？」と言い、紙片を配る。若者達は「京の町を売ろう」と賛同し、〝京都に現存する歴史的文化財に関する一切の権利を譲渡する〟という契約書にサインする。果たして美弥子の狙いは何なのだろうか？

牧が訪れた研究所は、常に木槌の音が背景に流れている。美弥子が仏像に絹の布を巻きつけるアップ、牧はボケアシで背後にいる。そこにドラムのサウンドがF・I《フェードイン》してきて、ピントが牧に向けられる。BGMはウイルソン・ピケットのヒット曲〝In the midnight city〟(注六)。ドラムに被ってギターサウンドが流れると、カットはゴーゴー喫茶に飛ぶ。手持ちのカメラでとらえた踊り狂う若者達を短いカットでモンタージュしていき、カメラは不快そうに酒をあおる牧のショットとなる。ここは前シーンまでの静寂とは打って変わった狂騒的なサウンドの洪水となる。この対比が見事で、牧と美弥子、それぞれの思い、立場が鮮明と

(注六)ただしカラオケである。

なる。
牧は美弥子を追ってゴーゴー喫茶を出る。そして京の町を買う、という意味を尋ねる。美弥子は答える。「誰も京都なんて愛していないという証拠ですわ……。それだけのことです」美弥子はそう言い切ると、振り向いて走り去る。後を追う牧は、平等院の鳳凰堂で美弥子を見つけ、再び尋ねる。

美弥子「買ってしまいたいんです……。仏像の美しさのわからない人達から……、京の都を……」
牧「買ってどうなさるんです?」
美弥子「……仏像のよさのわかる人達だけの都を作りたい……」
牧「……なんですって?」
美弥子「そんな気持ち……、あなたにはおわかりになりまして?」
牧「いや……、僕は……」
美弥子「……おわかりにならないでしょうね……。それでいいんです」
牧「それでいい?」
美弥子「ええ……、仏像は私だけの物……、そう思いたいからです」(完成作品より)

「京都買います」は、ここからスペインの作曲家フェルナンド・ソルの代表作であるギター独奏曲〝モーツァルトの『魔笛』の主題による変奏曲〟に乗せて、牧と美弥子、束の間の逢瀬を描いていき、SRIの捜査と合わせ、黒谷（金戒光明寺）、三面大黒天、萬福寺、東福寺などを舞台に展開する。

劇中、美弥子は高台から現代的な京都を牧と眺め、「ご覧なさい、この風景を……。誰がこの都会を……、一千年前美しい文化の栄えた場所だと信じられましょう」と言う。実相寺は、京文化の香りを残す古刹を、慈しむようにフィルムに定着させていく。物質を電送させるカドミウム光線を使ったトリックは、主題を『怪奇大作戦』というフォーマットで表現するための飾りでしかない。

『怪奇大作戦大全』の佐々木守インタビューで、氏は「僕は戦後民主主義者ですよ」と断言した。そして自分の根本的なテーマは〝反体制〟であると証言している。

佐々木　「京都買います」もそうなんだけど、僕の根本的なテーマは反体制ですよ。『お荷物小荷物』（注七）の滝沢家の、志村喬さんがおやりになった役なんか見れば分かると思うんですけどね。日の丸の旗背負ってさ。床の間に立ってさ（笑）。それに沖縄から来た中山千夏が断固反対する。（中略）

『柔道一直線』とか『おくさまは18歳』（注八）なんていうのもね、学校とか運動部とか、家庭とかね、みんな馬鹿にすればいいと思ってるんです（笑）。断固として組織を持っているものって嫌いなんですよね。それを無茶苦茶にしていけばいいというところがありま

（注七）
七〇年十月十七日〜七一年二月十三日、ABC。

（注八）
七〇年九月二九日〜七一年九月二八日。

してね（笑）。

しかし「京都買います」では、「恐怖の電話」の戦争問題、「死神の子守唄」の胎内被爆問題といった社会的な主張はさほど感じられない。それは「京都買います」という現実離れしたキーワードが、社会的テーマを背後に追いやってしまっていることと、藤森教授を首魁とする仏像窃盗犯達の目的が、仏像達の町を作りたいということであり、彼等はユートピア幻想に突き動かされたスタティックな反逆者達であるゆえであろう。結果、佐々木の言う〝反体制〟的な部分はドラマの背後に追いやられ、むしろ一種のユートピア論であるようにも見える。

そもそもこの時代の佐々木の作品は、大島渚の映画も含めて、ユートピア論的な作品が目につく。それはあたかも六〇年安保の敗北を引きずっているかのようにも思える。筆者は、二〇〇五（平成十七）年、『KODANSHA Official Film Magazine ULTRAMAN10』（講談社刊）で、佐々木守とインタビューを行い（氏が没する前年だった）、そのことについて問いをぶつけてみたが、上手くかわされてしまった。以下、抜粋しよう。

――『怪奇大作戦』の「京都買います」なんかでも感じるんですが、大島さんが創造社を作られてからの作品、というか、佐々木さんが大島作品に加わった以降の作品というのは、一種のユートピア論といっても構わないんじゃないかと思います。時代的には68年、69年頃ですし、あるいは70年安保の敗退を予期してそういったものに傾斜していったのかな？と考えているんです。

佐々木　そんなに先見の明がある男じゃないから、たまたまそうなっただけじゃないでしょうか？

――佐々木さんは、時代をかぎ分ける嗅覚というのがひじょうに鋭いと思うんですけど。

佐々木　結果的にそうなったんですね。僕はよくも悪くも、こうなるからこうして書こう、というタイプじゃないから、それは多くの作家もそうなんじゃないかな？

――それは書こうとして書いているという意味じゃなくて、そういったものを感じ取っていたのかな？という意味です。それから漂流していく人たちのドラマというのが目立ってくると思うんですよ。「京都買います」『三日月情話』『シルバー仮面』もそうですね。大島さんの映画でも『無理心中日本の夏』や『帰って来たヨッパライ』とかですね（注九）。

佐々木　大島さんの映画でいえば、あれは僕というより当時の大島さんの考えですよ。まあ多少「守が言っているから」と利用してくれたんだと思いますよ。大島さんはなんだかんだ言っても、最後まで信用し続けたのは田村さん（引用者注・田村孟）ですからね。

とまあ、こちらの質問が悪かったせいもあろうが、通り一遍の答えしかいただけなかった。ただ今回、橋本洋二は『怪奇大作戦』の頃の時代の空気を語ってくれた。

（注九）
『三日月情話』七六年四月五日～五月二一日、東海テレビ。
『無理心中日本の夏』脚本・田村孟、佐々木守、大島渚、六七年九月二日公開、松竹。
『帰って来たヨッパライ』脚本・田村孟、佐々木守、足立正生、大島渚、六八年三月三〇日公開、松竹。

橋本　六〇年安保以降、僕等には次の展望が開けていなかったんですよ。そのまま引きずって今に至っているから、この時代の僕等の責任というのは大きいと思います。『怪奇大作戦』の年（六八年）は、パリで五月革命が起きました。パリの大学生が先導して立ち上がり、みんな一斉にそれに賛同して、フランス全土で大ストライキが起きた。この頃佐々木君と、「安保には負けたけど、その後の展望が開けていない。やっぱり俺達の責任は重い」と話していた。この年は、世界規模では色んなことが起こっていましたね。プラハの春もそうですね（注十）。戦後の僕等、って言うのはおこがましいけれども、同じ世代の仲間は、共産党とかソビエトにかなり引きずられていますね。それで共産党は頼りにならないということがわかってきて、俺達は俺達で行かなきゃ、という意見とそうじゃない意見があって、混沌としていた時代ですよ。

「京都買います」は、スタティックな反逆者のユートピア幻想を背景にしながら、牧と美弥子のうたかたの恋を情感たっぷりに描いていることから、ファンの間では最も人気の高いエピソードである。橋本も本作の出来には大変満足している。

橋本　第一話でこういう作品が出てくるとよかったですね（笑）。よく出来ているという意味では、「京都買います」が一番だと思いますよ。

（注十）チェコスロバキアで起きた民主化運動に、社会主義体制の危機を感じたソ連のブレジネフ書記長が、ワルシャワ条約機構軍を投入し、その動きを封じ込めた。『戦え！マイティジャック』第二話「東京タワーに白旗あげろ」（脚本・若槻文三、監督・東條昭平、特殊技術・佐川和夫）に、プラハの春を連想させるナレーションがある。

シリーズのトリを飾ったのが、藤川桂介脚本、飯島敏宏監督の「ゆきおんな」である。

十五年前に発生した天陽堂ダイヤ盗難事件に絡む犯罪ドラマである。犯人達は指名手配されたが、主犯の角田はダイヤを独り占めして行方をくらましていた。しかし一人娘の秋子に会いたくなった角田は、差出人不明の招待状を送りつける。それが父の送ったものと直感した秋子は、さおりに相談し、二人は招待状で指定された那須ロイヤルホテルに向かう。

本作は、クライマックスの雪女登場まで、B級犯罪物のテイストで物語が進んでいく。しかも怪奇現象と、犯罪者達に直接の関係はなく、シリーズとしてはかなり異色の仕上がり、肌触りとなっている。雪女が登場するのはラストのクライマックスのみ。宝石強奪犯の坂本に追われた秋子が、亡き母に助けを求めると、地平線の彼方に巨大な雪女が出現する。その正体については、牧が「つまり……、あるときの気象条件によって、自分自身の影が雪のスクリーンに映し出されることがある……。雪女の現象てのは、大体そんなようなもんなんだ」（完成作品より）と一応の説明があるが、まるで取って付けたようで、しかもあれが現実なのか、秋子と坂本の見た幻覚なのかどうかははっきりしない。

『怪奇大作戦』の脚本には、「怪奇大作戦とは、科学を悪用して犯罪を犯す者と、正義と科学を守る者の対決を描く怪奇犯罪ドラマである」と番組のテーマが明記されている。しかし「ゆきおんな」には、科学を悪用して罪を犯す者は登場しない。いわば『怪奇大作戦』の根本を支える柱がないままにドラマが進行していくので、まるで別の番組を見ているかのようだ。

飯島　これは本当にお金がなかった。実相（寺）が京都にみんなお金を持っていったから、金庫が空でね。実相は「飯島さんが、那須で全部使っちゃった」なんて言っていたけれども、行く前からないんですよ（笑）。それでも撮らなきゃいけないから、観光案内でタイアップ先がないか見ていたんですよ。すると裏表紙に〝那須ロイヤルホテル間もなくオープン〟って書いてあったんで、守田さんに「これは、絶対タイアップが取れる！」って言ったんですね。

シナハン、ロケハンを兼ねたタイアップ交渉に向かったのは、守田康司、飯島敏宏、藤川桂介、そして本作でプロデューサーデビューした熊谷健だった。幸いタイアップは成功し、ロイヤルホテルと近くの北温泉を舞台にした脚本が書かれることになった。飯島と藤川はかつて北温泉を訪れたことがあり、「いつかここでやりたい」と話していたという。

「ゆきおんな」の準備稿は六九年二月四日、決定稿は二月七日に印刷が上がっている。この二つの稿は、同じ藤川、飯島コンビによる「オヤスミナサイ」同様、かなりの差違がある。準備稿で雪女は、冒頭、舞う風花の中、影のようにチラリと登場した後、ラストに〝山の宿付近の山から雪女が現われる〟とト書きがあるのみだ。いずれの出現シーンも、決定稿、完成作品と同様ドラマにはほとんど絡んでこない。しかし宝石強盗団の一人は、超短波銃を使った殺人を行うので、科学を悪用するという番組の基本テーマにはかろうじて触れている。もっともそれはただの小道具であり、ドラマ的に必然性のあるものではない。それゆえ決定稿ではオミットされ、クライマックスでは、雪女の出番を大幅に増やし、最大の見せ場とした。結果として「ゆきおんな」は、『怪奇大作戦』のフォーマットから外れた幻想譚となってしまった。

飯島 タイアップが取れてようやく撮影に漕ぎつけたんですが、条件があってね。ドラマの中盤で、いきなりダンシングチームのシーンになるでしょう。これはいつも実相が馬鹿にしていたんだけど、彼女達を使うことも条件の一つだったたんですよ。移動カットも撮っていますが、キャスター付きの椅子に鈴木（清）君が乗って、手持ちで撮っているんですよ。まあ、うら寂しいですね。でも意気盛んだったんですよ。作ることに夢中でいられた時代でしたね。

「ゆきおんな」のロケは苦労続きだったようだ。第一、雪が降らない。やむなく飯島は、雪の降らないシーンから撮影していくしかなかった。トラブルは続く。クライマックスを撮影する予定の場所が、野焼きのせいで焼け野原になってしまったのだ。スタッフは慌てて代わりのロケ場所を探さなくてはならなくなったが、なんとかふさわしい草原を見つけることが出来、事なきを得た。しかしトラブルはまだ続く。

飯島 予定は一週間しかないのに、本当、雪が降らなかった。ハラハラしながら撮っていて、結局「もう一日待たせてくれ」と支配人に頼んだんですが、「本社には通せない」ということだったんですね。翌週に『ザ・ガードマン』(注十一)の撮影が入っていたのかな? とにかく、支配人の判断で一日延ばしてもらいました。それで翌朝のご飯は、オートミールみたいなものしか出てこなかった。照明部なんかガバガバお代わりがしたいのに、出てこなかった、というか出せなかったんですよ。幸い、ようやく最終日に雪が降ってね。雪がらみのシーンを大急ぎで撮りました。

またお金の話に戻りますけど、普通は、撮影が進むと、制作部がフィルムを持って現像所に行くでしょう。でも支払いが滞っていて、今フィルムを持っていったら現像所が差し押さえちゃう、というありさまだったんですよ。それで誰かが知恵を働かせて、現場でフィルムをキープしたまま撮影を続けたんです。それくらいお金がなかったんだね。あんなことは、僕の経験で初めてですよ(笑)。

「ゆきおんな」は、シリーズ中最も困難に見舞われた撮影であっただろう。そのせいか、ロイヤルホテル絡みのシーンは、いささか淋しい出来映えだ。しかしながらクライマックス、雪女の登場シーンは、さすが円谷プロといえる完成度だった。

実景に後撮りの雪女を合成しているのだが、それには〝白合成〟と手描きによるトラベリングマットが使われている。『怪奇大作戦大全』の「怪奇大作戦特撮ワークス」から、特殊技術を担当した佐川和夫の証言を採録しよう。

(注十一)六五年四月九日〜七一年十二月二四日。

佐川　これは白合成という手法を使っています。これは今のCGI合成では出来ない手法なんですよ。つまりフィルムの白というのは、ポジで見ると透明なんです。極端な言い方をすると素抜けなんです。白バックで対象物を撮るんですけど、バックの白をライティングで飛ばすんですよ。標準が100％だとしたら、140％とか160％ぐらいの光の強さにして。昔はパーセンテージじゃなくて、4倍とか5倍とか言い方をするんですけど。それを合成用の特殊なフィルムで撮るんです。

バックの曇り空は、グレーなんですけど、これを1回白にするんですよ。白にして人物を合成した後に（引用者注・雪女のこと）、空のグレーを入れているわけです。それから雪をダブらせる。白に白バックを重ねると、バックが一緒に浮き出てくるんですが、それを利用しているんです。（中略）その代わり手前の空に被る人物は移動マスクを切っています。目のアップには、後で光を足してますね。（中略）

髪の毛も白バックですから、あそこまで薄いやつでもしっかりと抜けるんです。ブルーバックとかでやったらこんな感じにならない。しっかり髪の毛が絡んだ感じになっているでしょう。これはフィルム回しましたね。その一番いいのを手前と奥にダブらしているんです。

このシーンには移動カットがある。しかし予算がないので草原にレールを敷けないし、移動車もない。そこでスタッフ用の車を使って撮影したのだが、微妙にぶれている。そこでオプチカル作業では、一コマずつ、奥に写っている山の稜線を基準に修正していったという。

『怪奇大作戦』の最高視聴率は、「ゆきおんな」の二五・一％、最低視聴率は「京都買います」の一六・二％。全二六話で視聴率が二〇％を下回ったのは、ほかに一九・七％の「オヤスミナサイ」だけで、平均視聴率は二二・〇％、今の目で見れば立派な数字である。しかしスポンサーと局にしてみれば『ウルトラマン』の三六・七％というとてつもない数字の夢がある。『怪奇大作戦』の平均視聴率は、それをはるか下まわり、『キャプテンウルトラ』の二五・六％、『ウルトラセブン』の二六・五％にも及ばなかった。題材的にもスポンサーの好む番組ではなく、円谷プロは栄光のタケダアワーから脱落、二度と復帰することはなかった。

こうして『怪奇大作戦』は、那須の広大な草原に広がる大空の中に消えた雪女のごとく、怪奇と幻想の彼方に去ったが、実相寺昭雄は、「私のテレビジョン年譜」で、この番組について以下のように記している。

今思い返してみると、こんなテレビ映画の作り方は夢物語だ。それも、恐らく私が局からの出向監督だから我儘放題に出来たのだと思う。皺寄せは他の監督たちに行っていた。そのことも気づいてはいたが、私は狂人か子供のように妥協しなかった。兎に角、何と思われようと〝自分の想い〟を貫こうと決心していた。人には誰しも花の時がある。演出にしてからがそうだ。怪奇大作戦こそ、私の花の時じゃなかったか、と思えてならない。

エピローグ

別れ、そして再生

希望

『怪奇大作戦』では、第六話「吸血地獄」で番組を降板した金城哲夫だったが、『戦え！マイティジャック』では健筆を振るっていた。『マイティジャック』の登板は、第十話「爆破指令」のみだが、『戦え！マイティジャック』では、第二話「ミニミニ島を爆破せよ！」、第十二話、十三話「マイティ号を取り返せ‼」（前後編）、第十六話「来訪者を守りぬけ」、第二一話「亡霊の仮面をはぎ取れ」、第二五話、最終話「希望の空へとんで行け！」（前後編）と、全二六話中、七話を担当し、文芸担当者としての面目を保っている（注一）。

このうち円谷プロ出身の新人、東條昭平の「来訪者を守りぬけ」以外は、「爆破指令」も含めて全て満田稔監督作で、土屋啓之助、福原博といった外部からの監督は、藤川桂介、市川森一、小滝光郎らに脚本を任せている。気心の知れた満田との仕事は、精神的には安心感があったろうと思う。新人の東條昭平との仕事もまた然り。これが金城の気力の衰えを示すものなのかどうかは判断できないが、「爆破指令」「マイティ号を取り返せ‼」「来訪者を守りぬけ」「希望の空へとんで行け！」は、シリーズを代表する傑作群であった。

『マイティジャック』で唯一の登板となった「爆破指令」は、Qの新兵器、巨大戦艦ジャンボーの建造と破壊を巡る逆転、また逆転のストーリーが魅力の娯楽編だ。

満田　「爆破指令」は、最初「黄色い艦《ふね》」というタイトルが付いていたと思います。金ちゃん

（注一）
「ミニミニ島を爆破せよ！」特殊技術・佐川和夫。
「マイティ号を取り返せ‼」特殊技術・佐川和夫。
「来訪者を守りぬけ」特殊技術・佐川和夫。
「亡霊の仮面をはぎ取れ」特殊技術・佐川和夫。
「希望の空へとんで行け！」特殊技術・佐川和夫。

が書くというのは、わりと早いうちに決まっていたと思いますよ。円谷英二監督から「伊東の温泉に部屋を取ってやるから、金城と行ってこい」と言われたんですね。なぜか上原ちゃんも来てたけど（笑）（注二）。シナリオ作りどころじゃなくて、ピンポンばっかりやってましたけどね（笑）。これ、僕はあまりアイディア出さなかったと思うんで、金ちゃんが作ったと思いますね。ドキッとしたらセーフで、セーフだと思ったらドキッとするという逆転のドラマは、最初から狙っていました。

『戦え！マイティジャック』はやけくそというかね。つまり『マイティジャック』はプロ野球の巨人中継の裏だったでしょう。『戦え！マイティジャック』は『巨人の星』の裏だったんですよ（注三）。ですから数字なんか取れっこない。かなわないんだったら、やるだけやっちゃえ、って感じでした（笑）。もう会社とも離れ小島になっていたしね。

「戦え！マイティジャック」一クール目のラストを飾るのは、若槻文三との共同脚本であった「マイティ号を取り返せ‼」である。これはマイティ号がQの手に落ちて、全人類の脅威となるという逆転の発想のドラマだった。Qの3号役に、三原葉子と並ぶ新東宝の名花、万里昌代が扮しているのがファンにはたまらない。しかし本作のキモは、ゲスト出演の森次浩司（現・森次晃嗣）だろう。正体不明の風来坊役だが、どう見てもモロボシ・ダンで、たびたびゲンダ隊員（二瓶正也）の危機を救う。この二人の掛け合いが、作品にリラックスしたムードを与えていた。

（注二）
上原メモには、以下のように記されている。

4月6日（土）会社休む。プロ野球開幕。伊東へ旅立つ、5.30、あしがら、8.30、松本荘、着。

4月7日（日）空気よし、ながめよし、静か、MJの打ち合わせ、5.34帰京。8.24分東京着。

なお、「黄色い艦」の準備稿印刷は六八年四月十日。

（注三）
土曜十九時～十九時三〇分。

そして円谷プロの社員として、金城のラストワークとなったのが最終回「希望の空へとんで行け！」である。

満田　これも三〇分じゃできないということで、二本にしたんですが、金ちゃんとはあまりディスカッションはしなかった。これは金ちゃんの自己反省というかね、〝自分は仕事に慣れっこになっていないか？〟というのを、作品にぶつけているんですよ。そこでマイティジャックに初々しい新人を出しているんです。

この一ヶ月、百人近い青年達が失踪するという事件が起きていた。折も折、Qの活動が世界各国で活発になり、極東に巨大な基地を作る計画、それに伴い有能なボスが日本に侵入しているという情報を、国際機関アップル（MJの上部組織という位置づけ）はキャッチしていた。

ドラマはQの陰謀、ゼネラルの誘拐、Qの女ボス、タワラジ・カンの悲しい過去と盛りだくさんである。しかもオガワ隊員の殉職というショッキングな描写もある。

「希望の空へとんで行け！」のラスト、誘拐された若者の命を救うため、オガワはQの凶弾に倒れる。その若者は前編の冒頭、マイティジャックの訓練をあざ笑った一人だった。大空を飛ぶマイティ号を見て、瀕死のオガワは呟く。「でっかいなあ……」マイティ号は、湖を割って出現したQの基地を破壊し、タワラジ・カンは、戦闘機で特攻をかけ果てる。

オガワは殉職し、MJが命を懸けて救い出した若者達は、今日も享楽に耽っている。やるせない思いにうち沈む隊員達。そこへゼネラルが、フナキ、キヨムラ両隊員を連れてくる。彼らは今日からマイティジャックの新隊員なのだ。二人の顔は、希望に満ちている。アマダが言う。

「希望に輝いたあの二人を見ろ……。我々も……、マイティ号に乗り込んできた頃はああだったんだ！」

そしてマイティ号は、南太平洋に向かって出動していく。

N「再び勇気を取り戻した隊員達を乗せて、マイティ号は一路南太平洋へと向かった。防衛、建設、救助の任務をもって、マイティジャックの活躍は続く。戦え！　我らがマイティジャック！　地上に、平和と希望の朝が訪れるまで夕焼けに燃える雲海を眼下に、マイティ号は飛ぶ！（完成作品より）」

決定稿が印刷されたのは一九六八（昭和四三）年十一月二六日。円谷プロが再建に向けての動きを加速させていた時期である。満田の証言と「希望の空へとんで行け！」の内容を合わせて考えると、金城がこの作品に込めた願いが見えてくる。原点回帰と未来への希望。この時点、金城はまだ、会社と自分の未来に希望を持っていたと思えてくるのだ。しかしそれは無惨にも裏切られることになる。

改革

一九六八（昭和四三）年の円谷英二の日記で『怪奇大作戦』についての記述は、十月十九日が最後で（第二部一四九頁参照）、以後、円谷プロに関する記述は、経営状態の改善と社内改革がほとんどを占める。正直、終わりの見えた番組よりは、これからどう円谷プロを建て直すかに、英二の神経が注がれている印象だ。経営改革に関しては、親会社である東宝の重役達と、何度も協議を重ねている。なお日記に登場する雨宮所長とは、のちに東京楽天地社長を務めた雨宮恒之のことだ。

11月9日土曜日　天候曇後雨　今日の昼食時、雨宮所長と話合いをする、藤本さんは来週水曜の夜、藤本氏のマンションで逢う約束をする。次作企画契約獲得運動、最近は、局も仲々厳しくなった　特殊技術の鼻にかけてはいられない　かえって我《わが》プロの特徴であるものが番組獲得には弱点になってくる。大いに考えなければならない

11月21日木曜日　天候晴　今日こそ昼に雨宮所長と会談を心がけていたが、幸《さいわい》今日は所長も暇で色々と話合うことが出来る。結局私の意見と同調してくれる。夕方は、プロに行って

全幹部を集めて話合う。十一月十二月の金融予想は、容易なことでないので一同呆然と無言になってしまった。さて、この赤字退治を、どうしようかとなると誰も無言で名案発言なし、社長としてもなんの突破策もなく無能。人員削減策などし　そのための新進気鋭人事をこの際実現するための幹部人員を発表しておく。

11月26日火曜日　天候晴　昨夜の市川君（引用者注・市川利明）の提案には真理がある。真に一家一族の安泰を考えると、なまじ意地を張ってプロ再建などというよりも、実利の再出発を考えて身軽になる解決策もあろうというものだ、それこそ、名を棄てて実を取る商法の妙諦というもの。

11月27日水曜日　天候晴　今日昼食の事、藤本専ム、雨宮所長、私、一、皐の五人で今後のプロのあり方につき話合う。第一は、プロのピンチ切り抜け策、第二にプロの資本金比率等、切り抜け策としては、東宝も協力すると声明、融資もすることを約す、その為には、当分資本51%を東宝に保持する　これは当然。ただしプロが明るい見通しがついた際は、比率転換も歓迎との事、役員も首班をプロ側がとり皐を代表格とすることも諒承した。夜は自宅で和田有川等も集合して、新取締役として活躍を約す。

11月29日金曜日　天候晴　今夜ＴＢＳに行き樋口（引用者注・樋口祐三）、橋本両氏と私と守田君が会議協議をする。プロに対する一般批判ののち新企画が望み薄との話　覚悟はしていたがいささかガッカリする。然し新企画については、一縷の希望ある話も出来そうでもある。そのひとつは「サスケ」（注一）の後番組の三十分もので　これは至急企画を作って提出する。今ひとつはやはり「日本ヒコーキ野郎」これには、局も相当の気がまえらしい。もひとつは、やはり戦記ものである。この三本の番組みが這入れば誠に結構である。しかしプロには何かやはりマーチャンのつくものが一本は是非欲しいものだ

十一月二九日の日記は、TBSとの関係がもはや冷え切っていることを実感させる。樋口と橋本は円谷プロに対し、大人の対応をしたようであるが、六九年一月の日付がある金城の企画ノートには『サスケ』の後番組について短い記述がある。

一月十日。（金）TBS。樋口氏と会えず。森永枠（引用者注・『サスケ』放送枠のこと）がショウに決定した旨である。困る。飯島敏宏氏と五時まで企画のはなし。暗い一日なり。

結局、英二の日記に記された三本の企画が、日の目を見ることはなかった。そして十二月に入ると、円谷プロの改革が始まる。以下、再び英二の日記より。

12月6日金曜日　天候晴　大体の海底シーンを終了して（引用者注・『緯度0大作戦』のこと）、午後

（注一）白土三平原作のアニメ。六八年九月三日〜六九年三月二五日。

三時東宝本社に駆けつける。今日は、プロの新旧役員会を開く。東宝側は森副社長の他松岡常ム藤本専ム、雨宮所長等、そうそうたるメンバー、（中略）兎に角、まがりなりにも今後の再建見通しがつく、僕の出来は兎に角新しい円谷一族の経営が緒について目出度しである、一と皐の活躍を願ってやまない。

この日、新体制となった円谷プロの役員構成は以下の通り。

社長・円谷英一（円谷英二の本名）、代表・藤本真澄、専務・円谷皐、取締役・柴山胖、雨宮恒之、円谷一、馬場和夫、今津三良、有川貞昌、和田治式。

そしてこのメンバーが、円谷英二体制下最後の役員構成となった。英二としては東宝からの完全独立を目指していた時期もあったが、この経営状態ではそれも諦めざるを得ず、結局は、親会社である東宝に頼るしかなかった。それでも一、皐が役員に名を連ね、一族の経営が続くことにホッと胸をなで下ろしているのは、親心もあるのだろう。そしてこの総会で、会社名が円谷特技プロダクションから、円谷プロダクションに変更される。今後は特技だけではなく、一般のドラマにも進出していこうという決意のあらわれだった。しかしこの時点では、円谷プロ再建のめどが立っただけで、負債は残っている。役員達にとっては、これからが勝負なのであった。

今回の人事で、取締役に有川貞昌が名を連ねた。有川は、英二にとって戦後初の弟子である。一九四八（昭和二三）年、英二は戦時中、軍事教育映画や戦意高揚映画に協力したとして、GHQから公職追放の指定を受けてしまう。そこで英二は円谷特殊技術研究所を設立し、東宝からタイトル部分や予告編を請け負うなどして糊口をしのいでいた。有川はそんな時代からの弟子なのである。そして『ゴジラ』から始まる英二の黄金時代には、カメラマンとして師を支え、『ウルトラQ』『怪獣島の決闘 ゴジラの息子』『怪獣総進撃』では特技監督を務めている（注二）。

六八年、有川は英二に請われて円谷プロに参加する。その時有川は「これで昔のように、オヤジと一緒に楽しく仕事が出来る」と思ったそうである。しかし十二月六日の総会で役員となった有川に任された仕事は、人員整理と、負債問題の解決だった。「これは自分のやりたかった仕事ではない」と痛感した有川は、翌年、円谷プロを退職する。

有川とともに、社内改革と負債問題の解決に当たっていたのが皐である。自著『円谷皐ウルトラマンを語る』には、その辺りの状況が以下のように記されている（ただし、有川の名はない。先ほどの記述は、筆者が生前インタビューした際、本人から聞いた談話である）。

大株主だった東宝の経理担当重役と一緒に、首っぴきでいろいろな返済案を立て、債権者一人ひとりに支払いを延長してもらいたいと、ひたすらお願いしました。なかには承知してくれるところもあるんですが、多くはいますぐに支払ってくれといってきかない。な

（注二）
『ゴジラ』脚本・村田武雄、本多猪四郎、監督・本多猪四郎、特殊技術・円谷英二、五四年十一月三日公開。
『怪獣総進撃』脚本・馬淵薫、本多猪四郎、監督・本多猪四郎、特技監修・円谷英二、六八年八月一日公開。

かには、ドスをもってきて、いますぐ払えと詰めよってきた人もいました。（中略）ともかく、ない袖は振れませんので、頭を下げて五年計画で借金を返済するということで、債権者となんとか話をつけたんです。

皐による社内改革は続く。当時、円谷プロでは一五〇人余りが働いていたが、そのほとんどがテレビ映画制作スタッフで、事務担当は十人もいなかったそうだ。しかも管理体制が不十分で、経費の無駄も多い。そこでスタッフを一気に四〇人に減らし、それまで社にはなかった営業部を新設したのである。このあおりをもろに受けたのが金城哲夫の企画文芸室だった。金城は室長の役を解かれ、プロデューサー室に異動となった。これは寝耳に水の出来事だったらしい。十二月十二日の企画課ノートに、金城みずからの記述がある。

12月12日。（木）雨。　プロデューサー室誕生。室長・有川貞昌。プロデューサー。守田康司。野口光一。金城哲夫。宮崎英明。上原正三。新野悟。熊谷健。郷喜久子。その他のスタッフも決定。一億の借金を背負って新たにスタートする陣営である。厳しい日々が予想される。しかし厳しければ厳しいほど仕事の充実は大きいと考えよう。必死にやりぬくのみである。企画室時代の自分しか知らぬ者は、『やれるのかい』とやや批判的である。腰をおちつけて、ジックリとテレビ映画作りに励みましょうというわけだ

金城が「希望の空へとんで行け！」に託した原点回帰と未来への希望は、その決定稿印刷からわずか半月あまりで打ち砕かれたのであった。しかも提出した企画はどれも進展がなく、徒労の日々が続く。結局、プロデューサーという仕事は、金城を次第に追いつめていった。もともと金城は酒好きであったが、この頃になると毎日酒浸りだったという。当時特撮助監督だった田口成光は、本人曰く〝なんとなく〟企画室に出入りしていた。無論、無給だったが、金城は脚本家志望の田口に目を掛けていたという。

田口　金城さん、六八年の暮れには、円谷プロを辞める決心は固めていたと思うんですよ。企画室にはウエショーもいたんだけど、俺の方が声をかけやすかったのかなあ。毎日、金城さんから呼び出しがあってね、会いに行っても飲むだけなんだよ。毎日毎日ベロベロになってね。それでタクシーで金城家に送って行っても、途中で無理矢理車を降りて、またもう一軒入っちゃったりしてね。でも、もう飲めるわけがないんだよね。酒に飲まれる人だったけど、本来は楽天家で、良い子がそのまま大人になった人でしたね。

それで年が明けて（六九年）、金城さんが「沖縄に帰る前に雪が見たい」って言い出したんですよ。僕は田舎が信州なんです。だから二人で三、四日、信州旅行に出かけました。行き当たりばったりの旅行だから諏訪で降りて、タクシーの運転手さんに「どこか泊まるところない？」って聞いてね、旅館に案内して貰って、まず風呂場へ直行しました。運動不足の金城さんは手足が細くてお腹がポッコリせり出した、まるで宇宙人みたいでした。その夜は大酒飲んで、涙と鼻水をグチョグチョ流してあちこちに電話をかけまくってましたよ。確かＴＢＳの椊井さんや玉川学園でお世話になった上原先生にも掛けてましたね。吐き出したかったんでしょうね、色々と。

翌朝、旅館を出て諏訪湖に向かって歩いていると突然ボーリングをやりたいって言いだしてね、すると途中に骨董屋さんがあったんですよ。その店先に、ラッパがぶら下がっていてね、店のオヤジが「日露戦争のとき吹かれたラッパだよ」って（笑）。本当かどうか知らないけど、昔は、田舎の消防団がよく吹いていましたね（笑）。金城さん、いたくラッパを気に入って買ってしまったんですよ。

その夜、諏訪から僕の実家（飯田市）に行ったんだけど、父親も大酒飲みでしょう。だから毎晩酒盛り。でも楽しそうに飲んでいましたよ。昼間は近所迷惑になるほど下手くそなラッパを吹き続けていましたね。多分、それで吹っ切れたんじゃないでしょうか。

諏訪での夜、金城は橋本洋二にも電話を掛けている。その様子は上原の『ウルトラマン島唄』に詳しい。また筆者も、過去のインタビューで橋本からそれは事実だと確認を取っている。橋本は、金城が沖縄に帰ると聞き、引き留めたという。それは、まだ金城と〝四つに組んで勝負をしていない〟という思いがあったからだし、その実力を買っていたからだった。だからこそ早まったことはしないで、話し合いたいと申し出たが、金城の決意は固かった。

金城がいつ辞表を提出したのかはわからない。ただ、六九年二月の英二の日記には金城との最後の三日間の様子が記されている。

2月27日木曜日　曇　十一ステージで「緯度0」のメーン・タイトルを撮影、私は編集、九巻まで終わる、夜金城君がたずねて来た　午前二時まで話し合う

2月28日金曜日　曇　早目に帰宅して金城君を待つ、昨夜内輪の送別会を自宅でしたかったので約束していたのだが仲々現れない（中略）夜十一時金城君と満田が現れ一も混えて送別会がはじまった。二時頃まで歓談する。

3月1日土曜日　晴後曇　朝八時に起床する。八時には金城が家を出る時間なので十一時出港までに迎えに来る車を待った。十時粲と一緒に家を出た。おくれているので晴海に急ぐ。出港がおくれて間に合う　大勢が見送りに来ていた。乗船者がおくれていて、出港は五十分程延期されてようやく出る、ながい見送の時間様々な思い出が走馬燈のように頭をかけ巡りややもすれば泪が目頭に浮ぶ。

こうして円谷プロで夢を追い続けた金城哲夫は、その青春を燃やし尽くしたかのように、故郷、沖縄に戻っていった。離岸する船上、何を思ったか金城はラッパを吹き出した。見送りに来た一同の耳に、金城の吹くラッパの音《ね》がいつまでも残っていた。それは諏訪の骨董屋

で買った、あのラッパだった。

終焉

変化が訪れたのは円谷プロだけではなかった。これまで二人三脚で番組制作を行ってきたTBS映画部にも、変革の時期が訪れていたのである。

TBS映画部は、正式にはテレビ編成局映画部という。一九六三（昭和三八）年二月、TBSが本格的にテレビ映画を制作するために、テレビ編成局映画制作課として発足した部署である。課長は岩崎文隆、初期のメンバーとして栫井巍、円谷一、中川晴之助らがいた。同年七月二〇日、映画課は映画部として再編成され、飯島敏宏、樋口祐三等が演出部から異動となった。

映画部は番組をプロデュースするだけではなく、所属の監督をテレビ映画制作会社に派遣した。映画部から派遣された監督は、国際放映で『柔道一代』『青年同心隊』『いまに見ておれ』『泣いてたまるか』（渥美清版）などを、松竹テレビ室で『泣いてたまるか』（青島幸男版）、松竹で『風』といった作品を担当する（注一）。

しかしこの監督を派遣するという方式は、やがて局と制作会社の間に軋轢を生むことになる。実相寺昭雄は「私のテレビジョン年譜」の中で、いくつかの興味深い事実を記している。

（注一）
『柔道一代』六二年十二月十四日〜六四年十月九日。
『青年同心隊』六四年十月三〇日〜六五年一月二二日。
『いまに見ておれ』六四年五月九日〜八月一日。

時期は六七年と六八年、飯島敏宏、実相寺昭雄が参加した時代劇『風』にまつわるエピソードである。

もう、この年あたりになると局の方針として社外出向監督を養成する気持ちもなくなっていた。テレビ映画の演出家は、外部にいくらでもいるという訳だ。だから、映画部の四人の監督は局内で宙に浮いたような存在だった。（引用者注・六七年）

〝風〟シリーズはこれが（注二）二クールギリギリだったが、あと一クール以上、延長が決まった。しかし、TBS出向の監督はここで東京に戻ることになった。まあ、局を背景に出てきた監督は、虎の威を借る狐よろしくプロダクションには受取られ、あんまり健全な形態とも言えなかったと思う。下請の側としては、局から送り込まれたスパイのようにも見えたろうし、プロダクションの意思も通りにくく、このあたりの行き違いも、この制度が育たなかった理由と言えそうである。（引用者注・六八年）

TBSからの出向監督が、制作会社にとって特別扱いだったことは、本書でも取り上げた事実である。また局内でも、出向監督の勤務状態が問題になり始めていた。

飯島　メモを見ると六九年の十二月十六日に〝部長と会談〟と書いています。これ、部長が津

（注二）実相寺が監督した第二五話「江戸惜春譜」（脚本・鈴木生朗）のこと。

川溶々さんから、経理から来た平山さんに代わったんですよ。我々の勤務状態が、色々組合と問題を起こしている。ついては監督の派遣問題に関して、じっくり話し合いたい、ということでした。今までの部長は、勤務状態に関しては、わりにいい加減でしたが、平山さんはその辺を厳しく取り締まったんです。

この年の年末のまとめに〝管理上、必ずしも実働かどうか？　仕事の量。原局からの申請がない〟なんて書いてあります。つまり編成局映画部から人事部に対し〝誰それにこういう仕事をさせます〟という申請が出ていない、という意味です。労務を労働基準法に照らし合わせるのは人事部なんですが、誰も僕等の勤務実態を把握していなかった。これには平山さんは赴任してきて唖然としたんじゃないでしょうか。あまりにも無責任というか無節操というか。

つまり僕等は、会社から辞令が出て、制作会社に行っているわけじゃないんですよ。円谷プロにしろ松竹にしろ、映画部員は全く辞令なしで動いている。勤務表を出して、出張手当貰って行っているんですね。だから円谷プロの場合は、日帰り出張ということになります。

問題は他にもあって、都内の場合は、出張費といっても弁当代くらいなんですが、新しい部長になってから、それを制作会社に全部請求したんです。弁当代といっても一日二日じゃないからね、バックペイがもの凄く高くついた。しかもＴＢＳの監督は撮影に日数もかかるから、制作会社にとっては、安く早く撮る監督の方が、はるかにありがたいんです。作品の質がどうのこうのじゃなくてね。

新部長は、映画部員が社外でテレビ映画を作ることに関し、非常な疑義を抱いていたようだ。これには組合問題も絡んでいる。監督達は出向先のスケジュールで動く。円谷プロの場合、特撮もあるので通常の作品よりは撮影時間が長いし、撮影後の処理もある。すると局制作の番組ではあり得ないような残業時間が生じてしまう。それをTBSの労働組合は団交の際に取り上げたという。

飯島　組合の待遇改善のモデルケースに使われたんですよ。「飯島、実相寺は百何十時間のオーバータイムである。この社員を殺す気か！」という具合にね。

この頃、スタジオドラマは生の時代ではなくなっている。つまり収録という形を取るし、放送時間も深夜帯まで伸びてきた。その結果、局員の残業時間が急激に増加してしまったのである。『TBS50年史』（東京放送刊）には、六九年の出来事として、労務問題に関しての記述がある。それは年々高騰する制作費、超過勤務加算を含む人件費の増加、ストライキで賃上げを迫る組合の攻勢などが、この時期の経営陣を悩ませていた、という内容で、当時の森本太真夫専務が「TBS、69年の課題」で述べた見解を取り上げている。その要点を箇条書きにすると、

一、人件費を抑える。

二、アメリカのテレビ局は、番組制作を外注にして制作費を抑えている。

三、四月編成で、TBSもスタジオドラマを減らし、外部に発注すべきではないか。
ということであった。そしてこの稿は、以下の一文で結んでいる。

社内制作のスタジオドラマが、制作費がかさむ割には思うほど視聴率が取れないのに対して、社外発注ドラマは経費が割安で軒並みに高視聴率を獲得していた。それに加えてスト多発や、連日のように深夜に及ぶ収録によるスタジオ制作事情の悪化などが、TBS首脳陣に番組外注化の促進を決意させることになった。

根底には、飯島、実相寺のケースが団交に取り上げられた組合問題が、大きく影を落としていたのである。こうして七〇年にはTBSの関連会社として木下恵介プロダクション（一月十九日設立）、テレパック（二月十六日設立）が誕生、またTBS退社メンバーがテレビマンユニオン（二月二五日設立）を起業する。

この年、映画部の監督のうち、飯島は木下恵介プロに出向となり、実相寺昭雄はTBSを退職、フリーの道へ、前年末にTBSを退職した円谷一は円谷プロの代表取締役に就任する。映画部は制作会社への監督出向をやめ、プロデュースに専念することとなる。その映画部が、役目を終えたとして廃止になるのは、七一年三月二二日のことである。

TBSの歴史にとって、映画部はある意味徒花であったかも知れない。しかし六四年、『ウルトラQ』の制作開始から、『怪奇大作戦』が終了した六九年までの五年間、それはTBS

にとっても円谷プロにとっても、栄光の歴史であったことは間違いない。

別れ、そして再生

一九六九（昭和四四）年一月、金城哲夫の退社を前に、企画文芸室からプロデューサー室へ異動になっていた宮崎英明（赤井鬼介）も円谷プロを後にする。上原正三も心はすでに円谷プロになかった。一時は脚本家の道を棄て、沖縄に帰郷することも考えていたという。

橋本　ウエショーが沖縄に帰ろうかな、みたいなことを言っていたことがあるんですよ。「帰るんだったら、俺をひっぱたいてから行け！」と言ったことを覚えています。金ちゃんにはそこまで言えなかったけど、それはやっぱりね、ウエショーは金ちゃんの後を追っている人だと思っていましたから、そうじゃなくて、こっちの道もあるよ、って僕が教えられるんじゃないかってね。金ちゃんの道を真っすぐ進んだら、後追いでしかないですからね。こちらの道もあるよって言えば、こっちについてきてくれるかも知れないと思ったんですね。

上原が円谷プロを後にしたのは、六九年二月一日。上原メモにはその日の運勢が記されている。〝2月生　多少がむしゃらでよし。わが道を行くがよい〟この日、フリーの脚本家、上原正三が誕生した。

円谷プロは三月一日までに、旧企画文芸室の三本柱を失ったことになるが、それでも会社存続のため、TBS、フジなどに企画書を提出し続けるとともに、円谷一がプロデュースした『孤独のメス』（注一）のオープニング映像、フジテレビのオープニング、エンディング映像（注二）の制作などで糊口をしのいでいた。英二の日記にはこうある。

4月7日月曜日　晴　一時半頃有川君と大阪に出発し、三時のヒカリで夕刻大阪着、阪急ホテルに止宿して、すぐ出迎えてくれたシスコ製菓の林君と夕食に出かけて「おしゃれ魔女」の企画打合せをする。

4月8日火曜日　雨　午前十一時、シスコ製菓にゆく（中略）社長とも逢い「おしゃれ魔女」の企画について打合せる、問題は相乗りのスポンサーの件のみ　大急ぎ武田薬品に挨拶にゆく。今まで世話になった御礼のためだったが新番組みの不調で武田も心配してらしく（原文ママ）、新しい企画も立ててくれと向こうから提案される、大変好意ある話によろこんで帰る。

〝新番組みの不調〟とは、『怪奇大作戦』の後番組だった『妖術武芸帳』（注三）のことだ。これは『新隠密剣士』（注四）以来となる時代劇で、東映東京撮影所が制作した特撮時代劇だった。しかし視聴率が思うように伸びず、番組は一クール十三本をもって終了した。

（注一）
六九年五月五日〜八月十一日。

（注二）
放送開始の告知映像のことで、七〇年代半ばまで使用されていた二代目のことであろう。朝焼けの富士山からオーバーラップして、旧河田町社屋のミニチュアとなるオープニング、社屋のミニチュアが回転、クレーンショットでカメラはどんどん引いていき、暗闇に消える。そして地球の映像（これも引いていく）となるという、いかにも円谷プロらしい映像であった。

（注三）
六九年三月十六日〜六月八日。

（注四）
主役を大瀬康一から、林真一郎に変えた新シリーズ。六五年四月四日〜十二月二十六日。本作の後番組が、『ウルトラQ』である。

番組の打ち切りが決まり、急遽企画にのぼったのが梶原一騎原作の『柔道一直線』である。当初は十三本のつなぎ番組であったのだが、当時のスポ根ブームを背景に、全九二話が制作される大ヒット番組となった。つなぎ番組の思わぬ健闘によって、円谷プロのタケダアワー復帰は夢と消えた。

武田の要請を受け、円谷プロが作成したであろう企画の内容は不明だ。しかしこの時期、TBSに提出した企画書が存在する。四月二八日に印刷された『特撮怪獣シリーズ 続ウルトラマン』である。これは『ウルトラマン』の三〇年後の世界を舞台にした物語で、予定スタッフとして記された一部を紹介しよう。監修・円谷英二、プロデューサー・有川貞昌、脚本・関沢新一、海堂太郎、千束北男、上原正三、市川森一、若槻文三、山浦弘靖、山田正弘、佐々木守、藤川桂介、監督・小林恒夫、福田純、満田穧、鈴木俊継、長野卓、野長瀬三摩地、特技監督・高野宏一、的場徹、大木淳、有川貞昌、撮影・佐川和夫、鈴木清、森喜弘等々。円谷プロ総力戦といったメンバーだが、怪獣ブームが沈静化したこの時期、『ウルトラマン』を再びブラウン管に登場させるのは時期尚早だった。また円谷皐の古巣であるフジテレビとも、この時期、あるテレビ特撮の企画が進んでいた。英二の日記に戻る。

6月17日火曜日 雨　フジTV「ミラーマン」の話も大体本格的に進み、ミラーマンのモデル発注や題名の登録などがはじまった。

「ミラーマン」とは、金城哲夫の置き土産といえる企画であり、一月九日の金城メモに以下のように記されている。

一月九日。（木）NEC提出用企画書「ミラーマン」改訂。執筆。午後五時より山浦弘靖作品ストーリー打ち合わせを行う。

残念ながらこのとき、「ミラーマン」は映像化に至らなかったが、小学館の『よいこ』『小学一年生』『小学二年生』『小学三年生』誌で漫画が連載され、当時の子供達は期待に胸をふくらませたものだった。

そして翌七月には、やはりフジテレビで、新番組の企画が通り、プロに希望の火が点る。英二の日記を引用する。

7月16日水曜日　曇　アポロ衛星打上げらる、（中略）今津君がフジTVの仕事がOKになったことと同時に今度は有川が会社をやめたいと云い出したと報告にくる。午後プロに行って、有川の問題を皐、今津、朝夷（引用者注・朝夷辰治郎）君と協議　一応　朝夷君が慰留につとめることになった。皐はCXに打合せにゆく。

7月17日木曜日　曇り　フジのテレビ映画「アンバラス」（原文ママ）仮題本決まりとなり一同

愁眉を開く、

7月19日土曜日　晴天　今日はプロが永い間ブランクだったが漸く、フジTVの映画を作ることになったので一同集まって、祝盃を挙げる　終わってサーカラマのオールラッシュの試写に科学技術庁にいってくる。テストの結果は上々とはいえなかった。

「アンバランス」とは、もちろん『恐怖劇場アンバランス』（注五）のことである。フジテレビ側のプロデューサーは『戦え！マイティジャック』の新藤善之、円谷プロ側は熊谷健。脚本に田中陽造、小山内美江子、若槻文三、市川森一、山崎忠昭、滝沢真里、満田穧、山浦弘靖、上原正三、監督に鈴木清順、藤田敏八、長谷部安春、山際永三、神代辰巳、森川時久、黒木和雄、満田穧、鈴木英夫、井田深、音楽に冨田勲という豪華かつ異色のスタッフで制作された一時間物のアダルトなホラー番組は、スポンサーがつきにくいなどの理由からお蔵入りとなり、七三年になって深夜枠でようやく日の目を見た。しかし円谷プロにとって久しぶりの特撮ドラマ制作であり、社員一同のホッとした姿が、英二の日記からはうかがえる。また〝サーカラマ〟とは、後楽園ゆうえんちの全周映画、サークロラマ劇場用の映像『ウルトラマン・ウルトラセブン　モーレツ大怪獣戦』のことである（注六）。

ところがこの年、英二の体調が急激に悪化してしまう。日付は三月に戻るが、英二の日記から気になる部分を採録していく。

（注五）
七三年一月八日～四月二日、フジ。

（注六）
十五分の映像。後楽園ゆうえんちの常設館だった大宇宙怪獣館で上映。監修・円谷英二、脚本構成・大伴昌司、佐川和夫。『円谷プロ画報（1）』（竹書房刊）では、公開時期が六九年三月二一日～五月三一日となっているが、円谷英二の日記によればこの時期、映画はまだ出来上がっていない。『東京人』（都市出版刊）で、筆者が円谷プロ社長であった大岡新一に行ったインタビューでも、『ウルトラマン・ウルトラセブン　モーレツ大怪獣戦』の試写は、六九年の六月か七月と記憶している、と証言した。

3月29日土曜日 雨 十時「日本海海戦」（注七）の艦船のスケール打合せをする。どうしたわけか眠いので閉口した。体力づかれか糖不足か兎に角猛烈な倦《けん》たいだった。
4月1日火曜日 曇り 「緯度0」日本版再編ラッシュを見る。注意していたが再三睡魔におそわれる。疲れているからだろうと思い、午後三時帰宅する。身体の衰ろえが意識される視力もそうだが体力も殊に心臓が弱くなったのではないだろうか 注意が必要だと思う。
4月2日水曜日 快晴 〈身体の異常を認む〉会社を休みにして医者にゆく、一ヶ年振り位の診察だ。少々気になる体の異常も時々気になったので。しかし、心電図までとって貰ったが大した異常もないとの事で私も妻も安心する。血圧は一七〇、心臓が少し肥大しているらしいが大したことなし。いささか気ものんびりして帰る。

（注七）
『日本海大海戦』のこと。脚本・八住利雄、監督・丸山誠治、特技監督・円谷英二、六九年八月十三日公開。

かねてより、英二は糖尿病、高血圧を患っていたが、心臓肥大の傾向も見られるようになってきた。〝睡魔〟は、本人も意識している通り、低血糖が原因のようである。この時の診断では、大したことがないとの結果を貰ったようだが、病状は日に日に悪化していった。

この年英二は、満六八歳を迎えた（注八）。この時代の感覚では、かなりの高齢者である。五五歳が定年だった当時にしてみれば、とうに引退していても不思議ではないのだ。しかし

（注八）
六九年における日本人の平均寿命は、男・六九．一八歳、女・七四．六七歳。

英二は現役の特技監督として、大作『日本海大海戦』に続き、七〇年の大阪万博で三菱未来館のホリミラー用の映像を担当する。この仕事量に加えて、円谷プロの経営状態など、様々なストレスが英二の健康に悪影響を与えていったのだろう。ついには心臓治療のため、ニトログリセリンを携行しなければならない状態にまで悪化していった。

それでも英二は鳴門の渦潮撮影のため、関西方面に赴く。そこで心臓の発作が起こってしまう。

8月12日火曜日　晴　午前六時自宅を出る、七時の新幹線に乗るため朝食もぬき。（中略）当地（引用者注・大阪）で所用を済まし、万博三菱館の建築現場もみてから神戸へ出《い》で関西汽船にゆく。淡路の洲本に向かう。夕暮れ時洲本着　海月ホテルに投宿する。（中略）この日新幹線にて大阪駅下車後タクシーを待ちながら胸苦しい発作あり心配する。

8月14日木曜日　晴　九時海月を出て福良に至る。撮影予定船で観潮現場に至る。渦潮の大きさは意外に小さく失望する。一旦観潮公園（四国側）の発着所に下船　午後四時発の淡路島、洲本港行きの連絡船で帰る。ホテルに帰る早々、胸苦しさの発さが起こる。静かに自室に戻って静まるのを待つ、なかなか回復せずいささか心細くなる。

8月15日金曜日　曇　四回渦潮の上を廻航してまわしたが（引用者注・撮影したという意味）これで

よしという潮は撮影出来なかった。最後までねばって洲本に帰る。（中略）夜　また発作が起る。

8月16日土曜日　晴　連絡船の発着でまた発作があったが　注意していたためにすぐ直る。水中翼で神戸に渡り　車で大阪へ、途中バンノ君（引用者注・坂野義光、未来館の別班で、キラウエア火山の撮影を担当した）の実家に立寄り飲み物などを御馳走になって　大阪駅へ　汽車には私一人、バンノ君は残り　万博の会場の方へ廻る。

8月19日火曜日　晴　朝発作がある。母さんが松本先生に電話してくれたので落ち付くのを待って、診察を受けにゆく。心電図によると前回より悪いという。ところが先生のところでまた発作が起こった。薬で静めて貰って注射して貰う、松本先生が電話で母さんに来て貰ったりで一寸した重病扱い、二三日の様子を見た上で入院した方がよいかも知れぬとの事。止むなく会社を休む。

8月22日金曜日　晴　今日会社に出て見る、絶対静養を医師に宣告されてはいるが、結局は過労だったことを避けること、煙草をやめること、それに規則正しい生活等による疲労解消を心がけるならよい筈なので注意深く一日を過ごすロケから帰った英二が、東宝に出社したのは八月二一日と二二日の二日のみ。二三日からは静岡県伊東浮山の別荘で、療養生活に入る。帰宅したのは九月一日、その翌日には東宝に出社したが、三日の朝、また発作に襲われ、遂に入院を決意する。

目黒区の三宿病院での入院生活は九月四日からで、それからは連日たびたびの発作に見舞われている。それでも十月に入ると容体は安定に向かい、十一月二九日に退院する。だが病状は予断を許さなかった。

父の健康悪化に、円谷一は十一月三〇日付で、十四年間勤めたＴＢＳを依願退職、円谷プロの専務取締役に就く。英二が夫人のマサノとともに、再び浮島での療養生活に入ったのは、十二月五日。以後の日記を読むと、たびたび喘息の発作にも襲われている。しかし療養先でも英二の夢は途絶えることなく、念願の『ニッポン飛行機野郎』の企画書に手を染めている。だが、結局健康は回復しなかった。年を越した七〇年一月二五日、〝世界のツブラヤ〟は、気管支喘息の発作に伴う狭心症により死去する。享年六八。英二は死の当日も日記を書き続けており、その日の記述が絶筆となった。

一月二十五日日曜　天候曇　意味のない一日だった、完全静養のたいくつさを味わう。今度もヒコーキ野郎の企画書脱稿に至らず　わが無能を嘆くのみ。明日は東京へ帰るので　今更ら止むを得ず　東京に於て完成せん。今後は東京にあっても徒らに無為に過さず、徐々に出社して仕事に復帰したしと思う。

同年、円谷プロは一を代表とする新体制で再出発を図った。作成時期が不明だが、七〇年八月頃とみられる資料には、まず代表取締役・円谷一の名があり、役員として別枠で、代表取締役・藤本真澄、代表取締役・円谷一、専務取締役・円谷皐、取締役・朝夷辰治郎、柴山胖、西野一夫、馬場和夫、今津三良、監査役として松岡増吉、円谷孝男、井上光男の名が並ぶ。藤本、柴山、西野、馬場は、親会社東宝の役員と社員である。

円谷英二の死という、あまりにも大きな悲しみに円谷プロは見舞われたが、社に吹きすさんでいた寒風は、次第に春の暖かさを感じられるようになってきた。

その前触れとなったのは、六九年四月から日本テレビが『ウルトラマン』の再放送を行ったことだろう。しかも平均視聴率は、十八%もあったというから驚きである。それは月曜から土曜の十八時からの枠で、木曜には同時間帯でTBSが『ウルトラセブン』の再放送を行っていたことから、チャンネルを挟んでの両雄対決となった。七〇年に入ると、今度はフジテレビが同時間帯で、月曜から金曜まで、『ウルトラマン』の再放送を開始し、これも高視聴率を取った。

三月には十五分の帯番組として、日本テレビ系列で特撮怪獣コメディ『チビラくん』が放送を開始する。こうした流れの中で円谷一は〝現金支出ゼロ〟の番組を企画する。それが『ウルトラファイト』である(注九)。九月二八日からスタートした、わずか五分という帯番組は、『ウルトラマン』『ウルトラセブン』の格闘シーンの抜き焼きに加え、怪獣倉庫に保管してあっ

(注九)
『チビラくん』七〇年三月三〇日〜七一年九月二五日。円谷プロ側のプロデューサーは円谷粲。
『ウルトラファイト』七〇年九月二八日〜七一年九月二四日。なぜか『マイティジャック』で操演技師だった白熊栄治が、車両部で参加していたという。

た着ぐるみを使った新撮シーンも制作された。『ウルトラファイト』は、口さがないマスコミからは〝出がらし商法〟と酷評されたが、新作特撮ドラマの空白期間であったこの頃、子供達は夢中でテレビにかじりついた。しかも怪獣関連の書籍、ブルマァクのソフトビニール人形の売れ行きも好調だった。怪獣ブームは沈静化したが、完全に消え去ったわけではなく、小学校低学年の心の底には、怪獣に対する熱い思いが燃え続けていたのである。

この流れに乗って作成された企画書が『怪獣特撮シリーズ 帰って来たウルトラマン』である。印刷は七〇年九月五日。この企画は、円谷一と橋本洋二の間で進められていたものだ。橋本が求めたものは〝とにかく社内に通りのいい企画書〟である。企画書『帰って来たウルトラマン』は、内容こそ『続ウルトラマン』と同様だが、橋本の要請を受けて〝前作にありがちだったモンスターもののパターンからの脱却〟〝その為のドラマ性の強化〟〝制作現場の合理化によるスピードアップとローコスト化〟が謳われている。

同年十二月、TBSは遂に『帰ってきたウルトラマン』の制作にGOサインを出す。この決定に先立ち、TBSと円谷プロの動きを察知していたフジテレビの別所孝治は、旧知の鷺巣富雄とコンタクトを取る。鷺巣が社長を務めるピー・プロダクションで、新作の特撮ヒーローものの制作を打診、これが『宇宙猿人ゴリ』(注十)であり、七一年一月二日から放送された。

『帰ってきたウルトラマン』は二月二日、特撮映画の巨匠本多猪四郎の監督でクランクイン。四月二日、ついに第一話が放送された。エピソードタイトルは「怪獣総進撃」、脚本は上原

(注十)七一年一月二日〜七二年三月二五日。『宇宙猿人ゴリ』『宇宙猿人ゴリ対スペクトルマン』『スペクトルマン』と二度改題された。

正三、特殊技術は高野宏一。

六九年三月九日に放送を終了した『怪奇大作戦』からほぼ二年ぶり、円谷プロの顔ともいえるウルトラマンの復活は、目論見通り第二次怪獣ブームを巻き起こした。そして十二月五日には『ミラーマン』も放送開始、円谷一の体制下で、円谷プロは見事に復活を遂げ、第二の黄金時代を迎えるのである。

あとがき

『怪奇大作戦』は、タケダアワーという枠の中で、TBSと円谷プロが〝人間の闇の部分にスポットを当てる〟という新機軸に挑戦した番組であった。残念ながら当時は期待通りの成果を上げられず、二クール二六本で終了した。しかしタケダアワーの中で最も異質の肌触りを持った番組は、一部の視聴者の心を掴んで放さなかった。一九七〇年代後半、特撮テレビ番組に対するリスペクトが始まると、『怪奇大作戦』も、その完成度の高さから再評価の気運が高まっていったのである。

八〇年代以降は、ビデオソフト、レーザーディスク、DVDと様々なメディアでこの番組が復活していく。そして二〇〇四（平成十六）年には、ファン待望の新作『怪奇事件特捜チームS・R・I 嗤《わら》う火だるま男』（注一）がBSフジで放送、〇七年と一三年には、NHK BSプレミアムで『怪奇大作戦 セカンドファイル』『怪奇大作戦 ミステリー・ファイル』が新作シリーズとして登場（注二）。実相寺昭雄の愛弟子、北浦嗣巳《つぐみ》他、清水崇、中田秀夫、緒方明、鶴田法男、田口清隆、中野貴雄、小林雄次といった新時代のクリエイター達が番組に参加した。

また、『BLACK OUT』や大ヒット番組『ガリレオ』にも『怪奇大作戦』の影響が見て取れた（注三）。

（注一）九月二五日放送。脚本・上原正三、監督・服部光則。

（注二）『怪奇大作戦 セカンドファイル』〇七年四月二日～四月十六日。『怪奇大作戦 ミステリー・ファイル』一三年十月五日～十一月十六日。

（注三）『BLACK OUT』九五年十月七日～九六年三月三〇日、テレビ朝日。『ガリレオ』〇七年十月十五日～十二月十七日（第一シーズン）、フジ。

無論、筆者にとっても『怪奇大作戦』は、円谷プロの最高傑作として心を掴んで放さない作品であった。そしていつかは一冊の本にまとめてみたいという夢があった。ちょうど『刑事コロンボ レインコートの中のすべて』（角川書店刊）のように、ワンエピソードごとの詳細な解説と分析で構成されたものである。幸いそれは、二〇〇一年に『怪奇大作戦大全』として形になった。

あれからもう十八年も経過したわけだ。あっと言う間の歳月だった。その間、担当の佐藤氏と二人三脚で、『帰ってきたウルトラマン大全』『ミラーマン大全』『平成ゴジラ大全』『円谷一 ウルトラQと〝テレビ映画〟の時代』『飯島敏宏「ウルトラマン」から「金曜日の妻たち」へ』『「ウルトラQ」の誕生』『「ウルトラマン」の飛翔』『「ウルトラセブン」の帰還』そして本書を送り出してきた。しかし十八年で十冊だから、私は本当になまけ者なのだな。

佐藤氏と私の間では、何年も前から『怪奇大作戦』を、もう一度取り上げたいという話が出ていた。内容を再検討し、もう一度ムックで出すというアイディアもあった。しかしもう一度やるなら、やはりドキュメントという形態を取りたかった。というのもこの十八年間、様々な特撮映画、テレビの裏側を取材し、番組がスタートするまでのエネルギー量の凄まじさに圧倒されていたからだ。しかしムック本という形態では、そこに委曲を尽くすわけにはいかず、事実『怪奇大作戦大全』では、わずか四ページの記述に留まっている。『怪奇大作戦』の場合、企画が具体化していく中で、それまでの円谷プロにはなかった出来事が次々と起こっていくので、本書では番組スタートまでを〝プロローグ〟〝第一部〟とページを大きく割いて描いた。
私の中で構想が具体的な形になってきたのは、一五年に『「ウルトラQ」の誕生』を企画したときからだ。やはり『ウルトラQ』から出発し、『怪奇大作戦』までを描くドキュメントシリーズを完成させてみたかった。今回、読者の皆様のおかげをもって本書を上梓出来たことを感謝したい。

なお、本文には入らなかったが、『怪奇大作戦』には、脚本にまで至らなかった作品と、手書き原稿のみの脚本が確認されている。前者は、文芸部ノートに記された四本である。以下、列記する。

「その受話器を外すな」〈浅間虹児〉：#5月31日（キャンセル）
「霧の神話」〈市川森一〉：#5月31日（プロット）
「半魚人」〈市川森一〉#8月27日（プロット）
「死を配達するX」〈若槻文三〉：12月26日（キャンセル）

日付に関して言えば、これは事務処理上のものであろう。例えば「その受話器を外すな」と「霧の神話」は、ともに（六八年）五月三一日の日付がある。文芸部ノートには、同日の日付で「細い手」「フランケン１９６８」「死神と話した男たち」が記されており、ギャランティの支払いに関するものかも知れない。いずれにしろ「その受話器を外すな」と「霧の神話」という二本のプロットは、『チャレンジャー』時に発注されたものであろうが、その後脚本にまで至らなかったのは、「死神と話した男たち」が示した番組の方向性とはかけ離れていたせいではないかと推測する。

文芸部ノートによると、「半魚人」の日付は、「白い顔」「死神の子守唄」「恐怖の電話」と同日である。「壁ぬけ男」は七月二六日であるから、当初、飯島敏宏組は「半魚人」と二本持ちだったとも考えられるが、はっきりわからない。いずれにせよ〝フランケン〟〝吸血鬼〟〝半魚人〟とキャラクターを並べると、もうこれはユニバーサルホラーだ。九月七日には、「平城京のミイラ」まで執筆されているわけだから、この時期は、キャラクター売りのエピソードが検討されていたことが見えてくる。

「死を配達するX」がキャンセルになった理由はよくわからない。ただこの頃は、京都編に向けて脚本、監督のシフトが整理されていた時期であり、そのあおりを食ったのかも知れない。なお、文芸部ノートで同日の日付があるのは、「死者がささやく」「こうもり男」「殺人回路」である。

一方、手書きの脚本というのは、ＴＢＳ出身の演出家、真船禎《まふねてい》（注四）が執筆した前後編の

（注四）
本名は「ただし」だが『バンパイヤ』では〝まふねてい〟とクレジットされている。また『帰ってきたウルトラマン大全』のインタビューでは、本人が〝まふねてい〟でいい、と証言した。

大作で、タイトルを「誘拐」という。体力、知力に秀でた少年達を誘拐し、優生人類の創造を企てるマッドサイエンティストもので、同氏が脚本監督した『ウルトラマンA』第二三話「逆転！ゾフィ只今参上」（注五）に通じる、押しの強い脚本である。本作については、いずれ機会を改めて紹介する用意がある。

今、『円谷一　ウルトラQと〝テレビ映画〟の時代』以降の著作を俯瞰すると、テレビ映画というジャンルの勃興から幼年期の終わりまでを、特撮番組を通じて描き切った感がある。この後何を書くのかは、今思案中だが、その選択肢の中には、円谷プロの復活に関する企画も当然含まれているということだけはお知らせしておこう。

最後に本書を、二〇一七年十二月、ガンのためこの世を去った一人の熱血教師に捧げたいと思う。

（注五）特殊技術・高野宏一。

参考資料（五十音順）

『宇宙船』朝日ソノラマ刊
『ウルトラマン昇天 M78星雲は沖縄の彼方』朝日新聞社刊
『ウルトラマン大鑑』朝日ソノラマ刊
『ウルトラマン大全集Ⅱ』講談社刊
『映画年鑑』時事通信社刊
『怪奇大作戦』朝日ソノラマ刊
『外国テレビフィルム盛衰史』晶文社刊
『怪獣使いと少年 ウルトラマンの作家たち』宝島社刊
『怪獣とヒーローを創った男』辰巳出版刊
『監督山際永三、大いに語る 映画『狂熱の果て』から『オウム事件』まで』彩流社刊
『キジムナーKids』現代書館刊
『金城哲夫 ウルトラマン島唄』筑摩書房刊
『金城哲夫シナリオ選集』アディン出版
『KODANSHA Official File Magazine ウルトラマン』講談社刊
『ザ・テレビ欄 1954-1974』TOブックス刊
『サンダーバード完全記録』ボーンデジタル刊
『実相寺昭雄研究読本』洋泉社刊
『昭和映画史ノート』平凡社刊
『昭和テレビ放送史（上・下）』早川書房刊
『スペクトルマンVSライオン丸「うしおそうじとピープロの時代」』太田出版刊
『タケダアワーの時代』洋泉社刊
『調査情報』東京放送刊
『超人画報 国産架空ヒーロー四十年の歩み』竹書房刊
『円谷英二の映像世界』実業之日本社刊
『円谷皐 ウルトラマンを語る』中経出版刊
『円谷プロ怪奇ドラマ大作戦』洋泉社刊
『円谷プロ画報（1）』竹書房刊
『円谷プロ特撮大鑑』朝日ソノラマ刊
『TBS50年史』東京放送刊
『定本円谷英二随筆評論集成』ワイズ出版刊

『テレビヒーローの創造』筑摩書房刊
『東宝50年 映画・演劇・テレビ作品リスト』東宝刊
『東宝50年史』東宝刊
『特撮秘宝』洋泉社刊
『特撮と怪獣——わが造形美術』フィルムアート社刊
『特撮をめぐる人々 日本映画 昭和の時代』ワイズ出版刊
『成田亨の特撮美術』羽鳥書店刊
『日本特撮技術大全』学研刊
『ノンマルトの使者 金城哲夫シナリオ傑作集』朝日ソノラマ刊
『バルタン星人を知っていますか? テレビの青春、駆けだし日記』小学館刊
『偏屈老人の銀幕茫々』筑摩書房刊
『闇への憧れ〔新版〕』復刊ドットコム刊
『夜ごとの円盤 怪獣夢幻館』大和書房刊
『世にも不思議な怪奇ドラマの世界』洋泉社刊
他

協力・資料提供（50音順、敬称略）

秋田英夫　金城和夫　橋本洋二
浅井和康　鈴木 清　花ノ本寿
飯島敏宏　瀧 淳子　藤川桂介
稲垣涌三　田口成光　満田 稽
上原正三　友井健人　山下晶子
荻野友大　中野稔　渡辺邦彦
木之下健介　なかの★陽
＊　＊
円谷プロダクション

編集　佐藤景一（双葉社）
編集協力　山田幸彦
装幀・本文レイアウト　谷水亮介（有限会社グラパチ）、花村浩之

この本に関するお問い合わせアドレス：satok@futabasha.co.jp

「怪《かい》奇《き》大《だい》作《さく》戦《せん》」の挑《ちょう》戦《せん》

2019年 3月17日　第1刷発行
2023年10月23日　第2刷発行

著　　者：白石雅彦《しらいしまさひこ》
発 行 者：島野浩二
発 行 所：株式会社 双葉社

162-8540 東京都新宿区東五軒町3番28号
[電話] 03-5261-4818（営業） 03-5261-4851（編集）
http://www.futabasha.co.jp/ （双葉社の書籍・コミック・ムックが買えます）

印刷所・製本所：中央精版印刷株式会社

ISBN 978-4-575-31439-7 C0076